Das große Buch
der Hühnerhaltung

Axel Gutjahr

Das große Buch der Hühnerhaltung

Inhalt

Hühner werden von den Menschen bereits seit Jahrtausenden gehalten.

Vorwort

Haushühner werden von den Menschen seit Jahrtausenden gehalten und züchterisch bearbeitet. Dabei waren die Beweggründe, welche die Menschen in früheren Zeiten zur Haltung dieses Geflügels bewogen, fast ausschließlich pragmatischer Art. Es ging darum, möglichst viele Eier und Fleisch mit diesen Tieren zu erzeugen, um so die Palette der vorhandenen Nahrungsmittel zu erweitern.

Gegenwärtig sind die Geflügelbesitzer zwar immer noch an den frischen Eiern und dem Fleisch der Hühner interessiert, aber oftmals vermischen sich bei der Haltung pragmatisch-ökonomische Beweggründe mit Freizeitaspekten. So wollen zahlreiche Geflügelhalter nicht nur Eier und Fleisch produzieren, sondern auch viel Spaß beim Umgang mit ihren Tieren haben. Dabei möchten sie ihre Tierliebe im vollen Umfang ausleben, die Verhaltensweisen der Hühner studieren und sich vielleicht bei der Vermehrung ihrer Tiere versuchen. Darüber hinaus gibt es sogar Geflügelfreunde, für die ökonomische Belange bei der Hühnerhaltung völlig in den Hintergrund gerückt sind. Sie halten zumeist Zierrassen, welche mit einem außergewöhnlichen Aussehen aufwarten, nur noch zum Vergnügen.

Aber unabhängig davon, welche Gründe bei der Hühnerhaltung überwiegen, eröffnen sie auch die Chance, zahlreiche Küchenabfälle, wie etwa hart gewordenes Brot und gekochte Kartoffelreste, sinnvoll zu nutzen und nicht in der Mülltonne zu entsorgen. Gleiches trifft auf verschiedene Gartenerzeugnisse zu, wie beispielsweise heruntergefallene, wurmstichige Äpfel, die sich durchaus als gute Ergänzungsnahrung in der Hühnerfütterung verwenden lassen.

Ein weiterer Aspekt, der in der heutigen Zeit immer mehr an Bedeutung gewinnt, ist das Bestreben, sich gesund und vor allem weitgehend schadstofffrei zu ernähren. Immer mehr Verbraucher möchten nicht nur wissen, woher ihre Nahrungsmittel stammen, sondern auch, was darin enthalten ist. Man möchte sicher gehen, dass die Tiere, deren Fleisch gegessen wird, während der Mast nicht wachstumsstimulierende Mittel oder genmanipulierte Futterpflanzen erhielten. Bei Eiern und Fleisch, das vom eigenen Geflügel stammt, hat der Geflügelhalter die Gewissheit, dass diese Produkte hundertprozentig in Ordnung sind. Darüber hinaus weiß er, dass seine Tiere weitgehend artgerecht gehalten wurden und deshalb tatsächlich die Prädikate „Bio" und „Öko" verdienen.

Bekanntlich ist aller Anfang schwer – das ist auch bei der Hühnerhaltung nicht anders. Anfänger verfügen über keinen reichhaltigen Fundus an Erfahrungen, ihnen gehen bestimmte Arbeiten noch nicht so leicht von der Hand und viele fürchten sich davor, Fehler zu begehen.

Bei Eiern von eigenen Hühnern weiß man genau, dass sie die Prädikate „Bio" und „Öko" auch verdienen.

Letztere müssen auch nicht sein: Dieses Buch möchte dabei helfen, Fehler zu vermeiden, Stolpersteine zu umgehen und bestmögliche Voraussetzungen für eine artgerechte Haltung und Pflege der Hühner zu schaffen. Darüber hinaus gibt dieses Buch Tipps und Empfehlungen, wie sich die Bewirtschaftung eines Hühnerbestandes rationell organisieren lässt.

Aber nicht nur diejenigen, die neu in die Haltung einsteigen möchten, sondern auch Geflügelfreunde, die sich schon länger mit der Pflege dieser Tiere befassen, finden in diesem Buch Anregungen für die tägliche Praxis mit den Hühnern.

Ich möchte allen herzlich danken, die tatkräftig zur Entstehung dieses Buches beigetragen haben.

Axel Gutjahr

Neben den klassischen Eier produzierenden Rassen werden auch sehr gern Zierrassen, wie Seidenhühner …

… und Paduaner, hier eine Henne, gehalten.

Folgende Seite: Die Öffnung in der Stallwand und die Hühnerleiter ermöglichen die freie Nutzung von Stall und Auslauf.

Hühner können viel Freude bereiten. Aber es fallen auch vielfältige Arbeiten an, die man im Vorfeld zeitlich gut planen sollte.

Was man vorher bedenken sollte

Mit der Anschaffung von Tieren übernimmt man eine ganz besondere Verantwortung. Die Tiere können beispielsweise nicht wie eine Briefmarkensammlung für mehrere Wochen ignoriert werden, sondern brauchen eine kontinuierliche Betreuung. Sie benötigen täglich Futter und Wasser sowie eine gewisse Pflege. Das bedeutet nicht, dass die Tiere ständig im Mittelpunkt stehen müssen, um den sich alles dreht. Aber ihre Pflege sollte zumindest so organisiert sein, dass sie weitgehend artgerecht ist.

Deshalb ist es vor der Anschaffung der Hühner ratsam, einen Zeitplan aufzustellen, in dem die täglichen, wöchentlichen und ein- bis zweimal jährlich anfallenden Arbeiten enthalten sind. Dabei sollte man auch etwas Zeit für unvorhersehbare Arbeiten einkalkulieren, wie etwa kleine Reparaturen, die sich nicht oder nur schwer aufschieben lassen. Die Tabelle auf der folgenden Seite gibt einen Grobüberblick über die Arbeiten, die im Laufe eines Jahres anfallen. Dabei wurden die jeweiligen Zeiten für einen Bestand von etwa 15 bis 30 Hühnern kalkuliert.

Des Weiteren gilt es zu planen, wo man Futter und Einstreu für seine Hühner herbekommt beziehungsweise ob man dieses gänzlich oder teilweise selbst erzeugen möchte. In diesem Zusammenhang sollte man auch überlegen, was mit dem Stallmist passiert, der kontinuierlich anfällt. Falls man einen Garten mit Gemüse und/oder Blumenbeeten besitzt, stellt der Stallmist einen wertvollen organischen Dünger dar.

Weil der anfallende Stallmist während der kalten Jahreszeit oftmals nicht sofort eingegraben werden kann, muss eine entsprechend große Lagerstelle vorhanden sein. Diese sollte sich keinesfalls in dem für die Hühner zugänglichen Teil des Auslaufs befinden: Das überlieferte Bild vom Hahn, der auf dem Misthaufen kräht, gehört einfach nicht mehr in eine zeitgemäße Hühnerhaltung mit hohen hygienischen Standards. Falls dafür ausreichende Kapazitäten vorhanden sind, besteht auch die Möglichkeit, Teile oder den gesamten Hühnermist zu kompostieren. Bei einem solchen Kompostiervorgang entsteht eine hochwertige, nährstoffreiche Erde, die eine sehr bodenschonende Wirkung hat.

Nicht wenige Kinder finden Hühner faszinierend. In vielen Fällen wollen sie bei der Pflege mithelfen, was man ihnen nicht verwehren sollte. In Gegenteil, mitunter übt sich dabei schon in jungen Jahren, wer später ein guter Geflügelhalter wird. Beim Neueinstieg in die Hühnerhaltung bedenken manche Geflügelfreunde allerdings nicht, dass sie manchmal auch eine erwachsene Vertretungsperson mit ausreichendem Sachverstand benötigen. Diese ist beispielsweise erforderlich, wenn der Hühnerhalter (mit seiner Familie) in den Urlaub fährt, einige Tage dienstlich oder durch eine Krankheit verhindert ist und sich dann

nicht ausreichend um seine Tiere kümmern kann. Deshalb hat es sich als sehr vorteilhaft erwiesen, mit einer fachkundigen Vertretungsperson planbare Ausfallzeiten, wie etwa eine Urlaubsreise, langfristig abzustimmen. Falls diese Person kurzfristig als Vertretung einspringt, muss sie genau wissen, welche Arbeiten in der betreffenden Zeit zu erledigen sind.

Man sollte vor der Anschaffung von Hühnern überlegen, was mit dem regelmäßig anfallenden Stallmist passiert.

Wie oft fällt die Arbeit an?	Was ist zu tun?	Wie lange dauert das etwa?
täglich	→ Futter vorbereiten → zweimal füttern und mit Tränkwasser versorgen inklusive Reinigen der Futter- und Wassernäpfe → mindestens einmal Eier absammeln → kurzer visueller Gesundheitscheck der Hühner → kurzer Check, ob in Stall und Auslauf alles in Ordnung ist → Hühnerklappe morgens öffnen und abends schließen	45 bis 90 min
einmal wöchentlich	→ Reinigen des Stalls, frisch einstreuen	45 bis 90 min
einmal monatlich	→ Arbeiten im Auslauf, wie stellenweise Mähen, Beschneiden von Gehölzen → Putzen der Fensterscheiben des Stalls, Reinigen der Lampe	60 bis 90 min
einmal jährlich	→ Tiefenreinigung des Stalls mit einem Bodendesinfektionsmittel → Kalkanstrich an den Innenwänden (oftmals genügt es, diese Arbeit alle 2 bis 4 Jahre durchzuführen) → gegebenenfalls Wartungs- und Reparaturarbeiten am/im Stall → gegebenenfalls Wartungs- und Reparaturarbeiten an der Einfriedung → Einlagerung des Hauptteils des Futters (kann auch im Fachmarkt in monatlichen/vierteljährlichen Abständen gekauft werden) → Einlagerung von Einstreumaterial → Einstallen neuer Tiere	je nachdem, welche Arbeiten in dem betreffenden Jahr anfallen 1 Tag (8 Stunden) bis 4 Tage

Hühner zu pflegen, bedeutet auch, in einem ganz hohen Maß Verantwortung für diese Tiere zu übernehmen.

Viele Kinder sind begeistert, wenn sie bei der Pflege und Fütterung der Hühner mithelfen können.

Man sollte vor der Anschaffung von Hühnern auch bedenken, wer sich um die Tiere kümmert, wenn man beispielsweise in den Urlaub fahren möchte.

Geschichte und Untergliederung der Haushühner

Bankiva-Hahn

Die Nachkommen ostasiatischer Urwaldbewohner

Gegenwärtig ist das Haushuhn (*Gallus gallus domesticus*) die weltweit am häufigsten gehaltene Geflügelart. Seine wilde Stammform, das Bankivahuhn (*Gallus gallus*) lebt noch heute in den Wäldern der Philippinen, Indiens, Thailands, Birmas, Indonesiens sowie in einigen anderen südostasiatischen Regionen. Im Unterschied zu den auch als Hennen bezeichneten Hühnern, die ein rebhuhnfarbiges Gefieder aufweisen, sind die Hähne des Bankivahuhns bunt gefärbt. Außerdem besitzen sie einen langen Schwanz, der aus sichelartig gebogenen Federn besteht. Ein weiteres Merkmal dieser Hähne, das auch bei den Haushähnen erhalten blieb, ist die stolze, majestätisch wirkende Körperhaltung.

Obwohl der Beginn der Domestikation der Haushühner zumeist mit 2000 v. Chr. angegeben wird, vermuten einige Wissenschaftlicher, dass dieser in einigen südostasiatischen Regionen bereits 3000 bis 4000 Jahre früher erfolgte. Ihre nicht abwegig erscheinende Theorie stützen diese Wissenschaftler vor allem darauf, dass die ersten Hühner bereits vor rund 3500 Jahren nach Europa gelangten. In Europa fand dieses neuartige Geflügel zunächst in der Mittelmeerregion eine schnelle Verbreitung.

Die ersten Haushühner ähnelten in ihrem Aussehen noch stark den Bankivahühnern, doch das sollte sich im Laufe der Zeit ändern. In den folgenden Jahrtausenden begannen die Menschen, Haushühner intensiv züchterisch zu bearbeiten. Eine Vorreiterrolle nahmen dabei die zahlreichen Klöster ein, in denen die Mönche Hühner als wertvolle Eier- und Fleischlieferanten hielten. Im frühen Mittelalter begannen auch Bauernhöfe allmählich, Hühner in ihre Tierbestände zu integrieren. Schließlich setzte mit Beginn des 18. Jahrhunderts – vor allem in England und Frankreich – eine umfangreiche Rassezucht ein, die auch in der Gegenwart noch weiter betrieben wird.

Bankiva-Henne

Riesen, Zwerge, Kämpfer und sonstige Schönheiten

Federfüßiger Zwerghahn des Farbschlages „gelb mit weißen Tupfen"

Hahn und Hennen der Rasse Cochin

Dieser Federfüßige Zwerghahn repräsentiert den Schlag „gold-porzellanfarbig".

Bei den Hühnern gibt es gegenwärtig in Europa rund 180 Rassen, weltweit sind es mehr als 300. Jede dieser Rassen zeichnet sich durch ganz typische Erbmerkmale aus, die im äußeren Erscheinungsbild (Phänotyp) zu Tage treten. Beispielsweise unterscheiden sich die einzelnen Hühnerrassen in ihren durchschnittlichen Körpergewichten, der Färbung der Ohrscheibe sowie in der Form und Größe des Kamms. Darüber hinaus ist es passionierten Geflügelzüchtern gelungen, bei den meisten Hühnerassen mehrere Farbschläge zu kreieren. Ein Beispiel dafür sind die Federfüßigen Zwerghühner, die es nicht nur in den Unifarben Weiß, Schwarz, Perlgrau, Gelb und Rot, sondern auch gold-porzellanfarbig, gelb mit weißen Tupfen und blau-goldhalsig gibt.

Ganz grob lassen sich Hühner in Groß- und Zwergrassen unterteilen. Die „Zwerge" sind in den meisten Fällen das Resultat intensiver züchterischer Bemühungen, ausgehend von den Großrassen. Beispiele hierfür sind Barnevelder, Sussex und Seidenhuhn, deren Miniaturformen entsprechend als Zwerg-Barnevelder, Zwerg-Sussex und Zwerg-Seidenhuhn bezeichnet werden. Gleichzeitig gibt es aber auch einige Zwergrassen, wie etwa Bantam und Chabo, von denen keine Großrassen existieren.

Innerhalb der Groß- und Zwergrassen erfolgt normalerweise noch eine weitere, detailliertere Untergliederung in Lege-, Fleisch-, Zweinutzungs- oder Zwie-, Zier- und Langschwanzrassen sowie in Kampfhühner.

Seidenhühner gibt es als Groß- (r.) und als Zwergrasse (u.).

Einiges zum Thema „Rasse"

Im züchterischen Sinn stellen Rassen die biologische Untereinheit einer Tierart dar. Um ihre Erhaltung zu sichern, ist es erforderlich, nur Tiere aus dieser Rasse miteinander zu verpaaren. Das bedeutet jedoch keinesfalls, dass sich Vertreter zweier Rassen nicht miteinander kreuzen lassen. Im Gegenteil, derartige Kreuzungen sind problemlos möglich und daraus gehen stets fruchtbare Nachkommen hervor. Diese sind allerdings nicht rasserein und werden deshalb als Bastarde, Hybriden oder auch Mischlinge bezeichnet. Im Unterschied zu den Tieren bezeichnet man die die biologischen Untereinheiten bei den Pflanzen nicht als Rassen, sondern als Sorten.

Die Weißen Leghorns gehören zu den Legerassen.

Bei guter Fütterung erweisen sich die **Fleischrassen** fast immer als sehr wuchsfreudig. Ihr Körperbau ist wuchtig und vollfleischig. Die Hähne wiegen häufig 3,5 bis 5,5 kg, während die Hühner im Durchschnitt 0,5 bis 1,5 kg leichter sind. Des Weiteren zeichnen sich die Vertreter der meisten Fleischrassen durch ein ruhiges, nervenstarkes Wesen aus und erweisen sich bei Weitem nicht so flugfreudig wie Legerassen. Die durchschnittliche Anzahl an Eiern, die pro Huhn und Jahr gelegt wird, schwankt normalerweise zwischen 100 und 170 Stück.

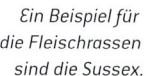

Von einigen Zwergrassen, wie etwa vom Chabo, existieren keine „XXL-Varianten".

Ein Beispiel für die Fleischrassen sind die Sussex.

Bei den **Legerassen** handelt es sich vorwiegend um sehr feingliederig gebaute Tiere, die fast immer eine sehr hohe Anzahl an Eiern pro Jahr legen. Zumeist sind das über 200 Stück, wobei Spitzentiere sogar etwa 300 Eier pro Jahr produzieren. Fast alle Legerassen haben sich als hervorragende Flieger erwiesen, weshalb man sie in Einfriedungen halten sollte, die mindestens 1,80 m hoch sind. Ein Nachteil der Legerassen besteht darin, dass ihr Bruttrieb weitgehend weggezüchtet wurde. Aus diesem Grund erbrütet man ihre befruchteten Eier entweder künstlich oder schiebt sie Ammenglucken unter, also Rassen, die sich durch gute Muttereigenschaften auszeichnen. Hervorragende Ammenglucken sind beispielsweise die Rassen Sussex und Brahma.

Die Orpingtons gehören zu den schwersten Fleischrassen.

Bei den Vorwerkhühnern handelt es sich um eine gegenwärtig häufig gehaltene Zwierasse.

Vom Typ her sind Brahmas eigentlich kräftige Fleischhühner, sie werden aber traditionell zu den Zierrassen gezählt.

Die manchmal auch als Mehrzweckrassen bezeichneten **Zwierassen** stellen in gewisser Weise einen Mischtyp dar, der viele positive Eigenschaften von Lege- und Fleischrassen in sich vereint. Es handelt sich dabei um Hühner, die zumeist Körpergewichte von 2 bis 4 kg erreichen, wobei auch bei den Zwiehühnern die Hähne schwerer als die Hennen sind. Außerdem sind die Vertreter der meisten Zwierassen, die fast immer sehr zutraulich werden, keine übermäßig guten Flieger. Die durchschnittliche Anzahl der jährlich pro Huhn und Jahr gelegten Eier schwankt bei vielen Zweinutzungsrassen zwischen 130 und 200 Stück.

Bei den **Kampfhühnern** handelt es sich um sehr kräftige Hühner, an deren Haltung sich nur Geflügelhalter herwagen sollten, die schon über umfangreiche Erfahrungen mit anderen Hühnerrassen verfügen. Ihren Ursprung haben die Kampfhühner in Südostasien. Dort und in vielen anderen Regionen der Erde ließen und lassen noch immer verantwortungslose Menschen die Hähne dieser Rassen oft so lange gegeneinander kämpfen, bis bei einem Exemplar der Tod eintritt. Kampfhühner sind kräftige, äußerst muskulöse Tiere mit breiter Brust, die fast immer einen sehr aufrechten, stolz-majestätischen Gang haben. Der Kamm und die Kehllappen sind bei den meisten Rassen sehr klein. Die Hähne der Kämpfer dulden in der Regel kein anderes Männchen in ihrer Nähe, selbst wenn es sich dabei um einen kleinen und weitgehend friedlichen Vertreter, wie etwa einen Chabo, handelt. Stattdessen wird jeder potenzielle Nebenbuhler sofort heftig attackiert. Eine Eigenschaft, die zahlreiche Hühnerhalter als Nachteil ansehen, besteht in der recht geringen Legeleistung. So beträgt die jährliche Anzahl an Eiern, die die Hühner der Kämpferrassen legen, selten mehr als 100 Stück.

Paduaner mit der typischen perückenartigen Kopfbefiederung

Wie es bereits sein Name verrät, handelt es sich beim Modernen Englischen Zwergkämpfer um eine Kampfhuhnrasse.

Eine Gemeinsamkeit der **Zier- und Langschwanzhühner** besteht darin, dass sie ursprünglich nicht als Eier- und Fleischlieferanten oder Kämpfer, sondern als reine Hobbytiere gezüchtet wurden. So sollten sie die Menschen mit ihrem außergewöhnlichen Äußeren erfreuen und zu deren Kurzweil beitragen. Zier- und Langschwanzhühner gibt es in einer großen Formen- und Farbenvielfalt. Beispielsweise gehören zu dieser Gruppe die Seidenhühner mit ihrem ungewöhnlich aussehenden Gefieder, die Paduaner, von denen man meinen könnte, sie würden eine Perücke tragen, sowie die Yokohamas, bei denen die Schwänze der Hähne an die eines Fasans oder Pfaus erinnern.

Bemerkenswert ist in diesem Zusammenhang die Tatsache, dass sowohl die Brahmas als auch die Cochins traditionell den Zierrassen zugeordnet werden, obwohl sie von Gewicht her eigentlich typische Fleischhühner sind.

In gewisser Weise stellen die Vertreter der Zwergrassengruppen nur die Miniformate ihrer größeren Verwandtschaft dar. Deshalb weisen sie auch viele ähnliche Eigenschaften auf, was jedoch nicht auf die durchschnittlichen Jahreslegeleistungen zutrifft. In diesem Merkmal unterscheiden sich die Zwergrassen zumeist deutlich von ihren „XXL-Vettern". Außerdem sind die Eier der Zwerge auch kleiner und leichter. So beträgt das Eigewicht bei den Zwergrassen zumeist (deutlich) weniger als 45 g, während es bei den Großrassen normalerweise über 50 g liegt.

Zu den Zwergrassen gehören beispielsweise die Zwerg-Phönixe(u.) sowie die Zwerg-Brahmas (l.).

Vielfalt der Farben und Zeichnungen

Kennfarbige
Hühner

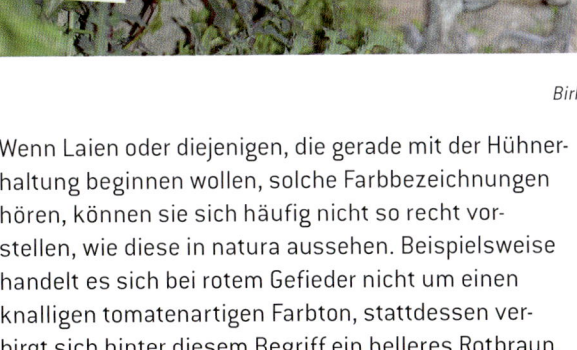

Birkenfarbiger Hahn

Hahn mit sehr schön
gebändertem Halsgefieder

Wenn Laien oder diejenigen, die gerade mit der Hühnerhaltung beginnen wollen, solche Farbbezeichnungen
hören, können sie sich häufig nicht so recht vor-
stellen, wie diese in natura aussehen. Beispielsweise
handelt es sich bei rotem Gefieder nicht um einen
knalligen tomatenartigen Farbton, stattdessen ver-
birgt sich hinter diesem Begriff ein helleres Rotbraun.
Ähnlich verhält es sich mit dem
Farbschlag Blau. Das ist kein leuch-
tendes Mittelbau, sondern ein blau-
grauer bis schiefergrauer Farbton.
Die nachfolgende Tabelle bietet
eine kleine Orientierungshilfe zu
den wichtigsten Farbschlägen und
Zeichnungsmustern, die bei vielen
Hühnerrassen vorkommen.

Die Bezeichnungen für die Farbtöne und Zeich-
nungsmuster der einzelnen Hühnerrassen
stammen vorwiegend aus dem Fachvokabular
der organisierten Geflügelhalter.

*Linke Seite: Hühner begeistern mit ihrer
Farbenpracht und Gefiederzeichnung. Hier ein
Sebright-Hahn mit schwarzgesäumten Federn.*

Gesperbertes Gefieder

Farbschlag beziehungsweise Zeichnungsmuster	Erläuterung
birkenfarbig	Diese Hühner haben eine schwarze Grundfärbung mit weiß-schwarzen Zeichnungen an den Körperenden.
columbia	Columbia ist im Wesentlichen die Umkehrvariante von birkenfarbig. Diese Hühner haben eine weiße Grundfärbung mit schwarz-weißen Zeichnungen an den Körperenden (Hals/Kopf und Schwanz).
Flockenzeichnung oder Flockung	Diese Zeichnung findet man oft bei alten Landrassen, wobei sich auf Brust-, Rücken- und Schultergefieder meist auffällige Flecken befinden.
gesäumt	Gesäumt heißt, dass ein Großteil der Federn von einem andersfarbigen Saum umgeben ist. So bedeutet blau-gesäumt, dass die beispielsweise weißen Federn von einem blauen Saum umgeben sind. Mitunter ist die andere Farbe auch schon in der Schlagbezeichnung enthalten, wie etwa bei gold-schwarzgesäumt. Diese Hühner besitzen goldgelbe Federn mit schwarzen Rändern.
gesperbert	Bei gesperberten Rassen befindet sich auf schwarzem Grundgefieder eine helle Bänderung. Allerdings ist diese nicht scharf abgegrenzt, sondern wirkt ein wenig verwaschen, als ob die hellen und die dunklen Randbereiche fließend ineinander übergehen.
gestreift	Gestreift kann man in gewisser Weise als die farbliche Nobelvariante von gesperbert ansehen. Bei diesem Farbschlag befindet sich auf dem schwarzen Grundgefieder eine helle Bänderung. Allerdings sind beide Farbbereiche scharf voneinander abgegrenzt, sodass das Streifenmuster, das eigentlich auch bei gesperberten Exemplaren vorhanden ist, wesentlich deutlicher sichtbar ist.
goldhalsig	Das Hals- und Schultergefieder hat eine mehr oder weniger goldgelbe Färbung und wird von dünnen dunklen Streifen durchzogen.
kennfarbig	rötlich-gelbe Grundfärbung
Lackung	Die Lackung ist eine Variante im Gefieder porzellanfarbiger Hühner (siehe dort). Bei dieser Zeichnung ist in dem rundlichen Fleck keine Perle vorhanden.
lakenfelderfarbig	Ähnlich wie der Farbschlag columbia. Allerdings ist die Kopf-Hals-Befiederung völlig schwarz und die Schwanzfedern enthalten ebenfalls einen sehr hohen Schwarzanteil.
porzellanfarbig	Die Federn haben eine gelbbraune Grundfärbung. Am Ende jeder einzelnen Feder befindet sich ein rundlicher Fleck. In diesem ist wiederum ein weißlicher Fleck vorhanden, den man als Perle bezeichnet.
rebhuhnfarbig	andere Bezeichnung für wildfarbig
silberhalsig	Das Zeichnungsmuster ähnelt dem Goldhals. Das Hals- und Schultergefieder der Silberhälse hat eine mehr oder weniger silberweiße Färbung, die von dünnen dunklen Streifen durchzogen wird.
Tupfenzeichnung	Die Tupfenzeichnung ist eine Variante der Lackzeichnung. Hierbei hat der dunkle Fleck keine rundliche, sondern eine mehr halbmondartige Form.
wildfarbig und wildfarbig-bunt	Unter wildfarbig versteht man eine weitgehende farbliche Ähnlichkeit mit dem Gefieder des Bankivahuhns. Exemplare, bei denen eine feine weiße Sprenkelung in das Gefieder gezüchtet wurde, bezeichnet man als wildfarbig-bunt.

Portrait eines goldhalsigen Hahns

Columbiafarbige
Hühner

Henne mit gesäumten
Gefieder

Großflächig schwarz getupftes Gefieder

Anatomie und Physiologie der Hühner

Das Gefieder und die Mauser

Beim Gefieder handelt es sich um nervenlose Keratingebilde.

Jede Feder setzt sich aus
Kiel und Fahne zusammen.

Das Gefieder

Das Gefieder besteht aus einzelnen Federn, die in
Abhängigkeit von der jeweiligen Rasse nahezu alle
Körperbereiche bedecken können. In ihrem Grund-
aufbau ähneln sich die Federn, bei denen es sich
um nervenlose Keratingebilde handelt, weitgehend.

Jede Feder besteht aus dem mittigen Kiel und der
Fahne, die sich wiederum aus der schmaleren
Außen- und der breiteren Innenfahne zusammensetzt. Die Federfahnen stellen eine Vereinigung
zahlreicher Federäste dar, die durch kleine, ineinan-
dergreifende Widerhaken verbunden sind und somit
eine relativ große Stabilität erreichen.

Die Daunenfedern der Küken, die sich hier in der Obhut
einer Glucke befinden, besitzen keine Federäste.

*Henne des Deutschen
Lachshuhns mit üppigem Bartgefieder*

Eine Ausnahme stellen die Daunenfedern dar, die vor allem ganz junge Küken reichlich besitzen. Anders als bei den meisten großen Federn der erwachsenen Hühner, die man auch als Konturfedern bezeichnet, sind in den Daunenfedern die Federäste nicht miteinander verhakt. Auf diese Weise entsteht die besonders weiche und zugleich sehr wärmende Struktur der Daunenfedern. Nachteilig ist jedoch bei diesem Federtyp, dass er Wasser nicht gut abperlen lässt und deshalb Küken, die dem Regen ausgesetzt sind, sehr schnell durchnässen.

Eine der wichtigsten Funktionen des Gefieders besteht darin, den Körper der Vögel zu isolieren, diesen also vor zu viel Wärmeabstrahlung zu bewahren. Gleichzeitig bietet das Gefieder einen gewissen Schutz gegen mechanische Einwirkungen sowie gegen starke Sonneneinstrahlung, damit auf der hellen Haut der Hühner kein Sonnenbrand entstehen kann.

Einige Rassen, wie etwa die Paduaner oder die Appenzeller Spitzhauben, beeindrucken mit teils perückenartig angeordneten Federschöpfen auf ihren Köpfen. Bei anderen Rassen, wie etwa den Thüringer Barthühnern oder den auch als Deutsche Lachshühner bezeichneten Faverolles, befinden sich im Bereich der

Kopfportrait eines Hahns der Appenzeller Spitzhauben

Kehllappen dichte Federbüschel, die an einen Vollbart erinnern. Durch Mutationen, also spontane Veränderungen der Erbanlagen, traten im Verlauf der Domestikation auch völlig neue Gefiederstrukturen auf, deren Erhaltung durch systematische Zucht gefördert wurde. Ein Beispiel hierfür sind die Seidenhühner, bei denen sich die Struktur in den Federästen daunenähnlich umgebildet hat, sodass die Widerhaken nicht mehr ineinandergreifen.

Die Mauser

Ähnlich wie Säugetiere, die im Frühjahr und Herbst regelmäßig ihr Fell wechseln, findet auch bei Hühnern und anderen Vögeln eine kontinuierliche Erneuerung des Gefieders statt, die man als Mauser bezeichnet. Derartige Gefiedererneuerungen sind unter anderem notwendig, weil sich die Federn im Laufe der Zeit abnutzen und dadurch in ihrer Funktion beeinträchtigt werden.

Nach den ersten Wochen ihres Lebens durchlaufen die jungen Hühnchen die Kükenmauser, bei welcher die Daunen durch Federn ersetzt werden. Die erste Vollmauser findet statt, sobald die Tiere etwa ein Jahr alt sind. Dieser Zeitpunkt wird hormonell gesteuert und zusätzlich von zahlreichen äußeren Faktoren, wie Temperatur, Lichtverhältnissen und Nahrungsangebot, beeinflusst. Im Normalfall dauert die Vollmauser etwa vier bis sechs Wochen und

In der Mauser

Formen der Mauser

Generell unterscheidet man zwischen einer Voll- und Teilmauser. Bei der Vollmauser werden sämtliche Federn durch neue ersetzt. Dagegen verlieren die Hühner bei der Teilmauser nur einzelne Federn, die anschließend nachwachsen. Eine Sonderform ist die Schock- oder Stressmauser, deren Ursache sehr wahrscheinlich ein Schutzreflex ist. Bei der Schockmauser erfolgt ein teilweiser Federabwurf, sobald die Hühner extremen Stresssituationen ausgesetzt sind. Das kann beispielsweise der Fall sein, wenn die Tiere hektisch eingefangen werden.

läuft idealerweise zwischen Spätsommer und Herbst-
mitte ab. Dadurch wird gewährleistet, dass die Hühner
in den sich anschließenden Wintermonaten ein grund-
erneuertes, gut wärmendes Gefieder besitzen.

Sobald sich die Vollmauer ihrem Ende zuneigt, setzen
zahlreiche Hühnerrassen gänzlich mit dem Legen
aus, weil sie sämtliche körperlichen Reserven für die
Bildung neuer Federn benötigen. Dabei geht das Mau-
sern bei Hühnern, die zuvor überdurchschnittlich gut
gelegt haben, oft schneller vonstatten als bei schlech-
ten Legerinnen oder Exemplaren mit einer schwäch-
lichen Gesundheit. Neben dem Verlust der Federn
äußert sich die Mauser bei den Hennen auch im Ver-
blassen und Schrumpfen der Kämme und Kehllappen,
die – nachdem alles überstanden ist – wieder das
ursprüngliche Volumen und die einstige Farbintensität
zurückerhalten. Um die Hühner bei der Regenration
ihrer körperlichen Leistungsfähigkeit zu unterstützen, ist es empfehlenswert, ihnen neben hoch-

*Mit hochwertigen Futter, wie etwa Rotklee (o.) und
geschnitzelten Möhren (u.) werden die Hühner bei Regenration ihrer
körperlichen Leistungsfähigkeit unterstützt.*

wertigen Futtermischungen viel Grünfutter, Möhrenschnitzel und Fallobst anzubieten. Die darin reichlich
enthaltenen Vitamine stimulieren nicht nur die im
Körper ablaufenden Stoffwechselfunktionen, sondern
stärken gleichzeitig die individuellen Abwehrkräfte.

*Die Herbstmauser gewährleistet, dass die Hühner im Winter
ein neues, gut wärmendes Gefieder besitzen.*

Kämme, Kehllappen und Ohrscheiben

Der relativ kleine Kopf der Hühner wirkt durch den Kamm und die beidseitig unter dem Schnabel befindlichen Kehllappen deutlich größer. Bei diesen Kehl- oder Kinnlappen wie auch dem Kamm handelt es sich um fleischige Hautanhängsel, die in Abhängigkeit von der Rasse in ihrer Form und Größe variieren. Das trifft auch auf die unter den Augen sitzende Ohrscheibe (auch als Ohrlappen bezeichnet) zu, die eine rote, bläuliche oder weiße Färbung haben kann. Im Vergleich zu den Kämmen, Kehllappen und Ohrscheiben der Hähne sind diese bei den Hennen fast immer deutlich kleiner.

Außerdem bleibt der Kamm bei den Hähnen auch während der Mauser in vollem Umfang erhalten, sobald er seine volle Größe erreicht hat. Je nach Form wird zwischen folgenden Kämmen unterschieden:

Einzelkamm

Es handelt sich vorwiegend um sehr großflächige Kämme, die zumeist senkrecht stehen und stark gezackt sind. Träger von Einzelkämmen sind beispielsweise die Bielefelder Kennhühner und die Spanier.

Rosenkamm

Flacher Kamm, der statt der Zacken „Perlen" besitzt und nach hinten in einen sogenannten Kammdorn ausläuft. Zu den Rosenkamm-Trägern gehören unter anderem die Wyandotten.

Walnusskamm

In seiner Form erinnert diese Kammtyp an eine halbierte Walnussschale. Dieser zackenlose Kamm sitzt auf der Stirn. Zu den Rassen mit Zackenkamm gehören die Malaien.

Prächtiger Einzelkamm

Rosenkamm mit typischem, auslaufendem Kammdorn

Walnusskämme sind klein und zackenlos

Linke Seite: Die typischen Hautanhängsel am Kopf der Hühner und Hähne sind Kämme, Kehllappen und Ohrscheiben.

Vorhergehende Seite: Hühner gibt es vielen verschiedenen Farbschlägen.

Hörnchenkamm

Der Kamm sitzt an der Stirn und hat die Form zweier leicht schräg zur Seite geneigter Hörnchen. Mitunter werden Hühner mit einem solchem Kamm auch als Teufelsköpfe bezeichnet. Ein Beispiel für Hörnchen-kamm-Träger sind die Appenzeller Spitzhauben.

Erbsenkamm

Dieser wird auch als dreireihiger Kamm bezeichnet und besteht aus drei Reihen kurzer gezackter Haut-lappen, wobei der mittlere die beiden anderen ein wenig überragt. Ein Beispiel für Träger von Erbsen-kämmen sind die Brahmas.

Becherkamm

Diese Form wird auch als Kronenkamm bezeichnet. Er setzt sich aus zwei miteinander vorn und hinten verwachsenen Einzelkämmen zusammen. Sind die Einzelkämme dagegen nur vorn verwachsen, handelt es sich um einen Blätterkamm, wie er etwa bei den Französischen Houdans auftritt. Kronenkämme findet man bei den Sizilianischen Becherkammhühnern.

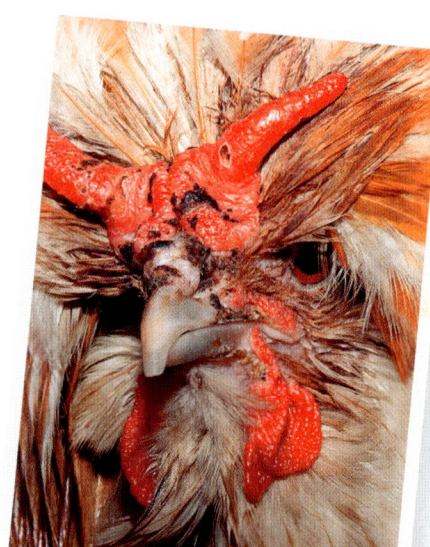

Hörnchenkamm. Hühner mit dieser Kammform werden auch als Teufelsköpfe bezeichnet.

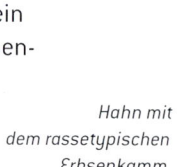

Hahn mit dem rassetypischen Erbsenkamm

Sizilianisches Becherkammhuhn

Hühner beim Fressen von Getreidekörnern

Anatomie und Physiologie des Verdauungssystems

Mithilfe des Schnabels nehmen Hühner kleine Nahrungskomponenten, wie etwa Getreidekörner, im Ganzen auf oder hacken aus Futterbrocken Teile heraus. Zu einem echten Kauen sind Hühner nicht befähigt, weil ihr Schnabel (genau wie bei allen anderen Vogelarten) keine Zähne enthält. Allerdings erfolgt im Schnabel eine geringfügige Einspeichelung der Nahrung, um deren Gleitfähigkeit zu erhöhen.

Über die Speiseröhre gelangt die Nahrung in den sackähnlichen Kropf. Darin befinden sich zahlreiche Drüsen. Diese sondern Sekrete ab, mit denen begonnen wird, die Nahrung biochemisch aufzuschließen. Außerdem wird die Nahrung im Kropf vorgeweicht. Dadurch müssen die Verdauungsenzyme im Drüsenmagen, in welchen der Nahrungsbrei schubweise weitergeleitet wird, weniger Arbeit verrichten. An den Drüsenmagen, in dem die Verdauung der Eiweiße beginnt, schließt sich der Muskelmagen an. Dieser besteht, wie es sein Name sagt, aus kräftigen Muskeln. Außerdem ist im Muskelmagen reichlich Grit enthalten, bei dem es sich um kleine Steinchen handelt, die von den Hühnern gelegentlich aufgenommen werden. Durch das perfekte Zusammenspiel von Muskelkontraktionen und Grit funktioniert der Muskelmagen fast wie das Mahlwerk einer Mühle. Während dieses „Mahlprozesses" erfolgt eine erhebliche Vergrößerung der Oberfläche des Nahrungsbreis. Anschließend gelangt dieser in den Dünndarm, in den die Ausführungsgänge von Gallenblase und Bauchspeicheldrüse münden. Die von beiden Organen abgegebenen Säfte wirken förderlich und beschleunigend auf den weiteren Verdauungsablauf.

Im Dünndarm beginnt die Resorption von Nährstoffen, welche anschließend für die Erhaltung der Körperfunktionen, zum weiteren Aufbau von Muskelmasse sowie zur Bildung von Eiern genutzt werden können. Vom Dünndarm aus gelangt der stark zersetzte Nahrungsbrei in den Dickdarm, dessen vorderster Bereich der Blinddarm ist. Letzterer ist in zwei schlauchartigen Aussackungen angelegt. In diesen Aussackungen befinden sich sehr große Mengen an Zellulose spaltenden Bakterien. Diese beginnen sofort, beispielsweise die Getreidespelzen sowie die Häute der Getreidekörner zu bearbeiten, in denen große Zelluloseanteile enthalten sind. Allerdings ist die Verweildauer des Nahrungsbreis im Blinddarm relativ kurz, weshalb nur eine sehr unvollständige Zelluloseverdauung erfolgen kann. Im letzten Abschnitt des Dickdarms, dem Mastdarm, wird dem Verdauungsbrei hauptsächlich Wasser entzogen. Danach wird dieser Brei, der sich inzwischen zu Kot umgewandelt hat, über die Kloake ausgeschieden.

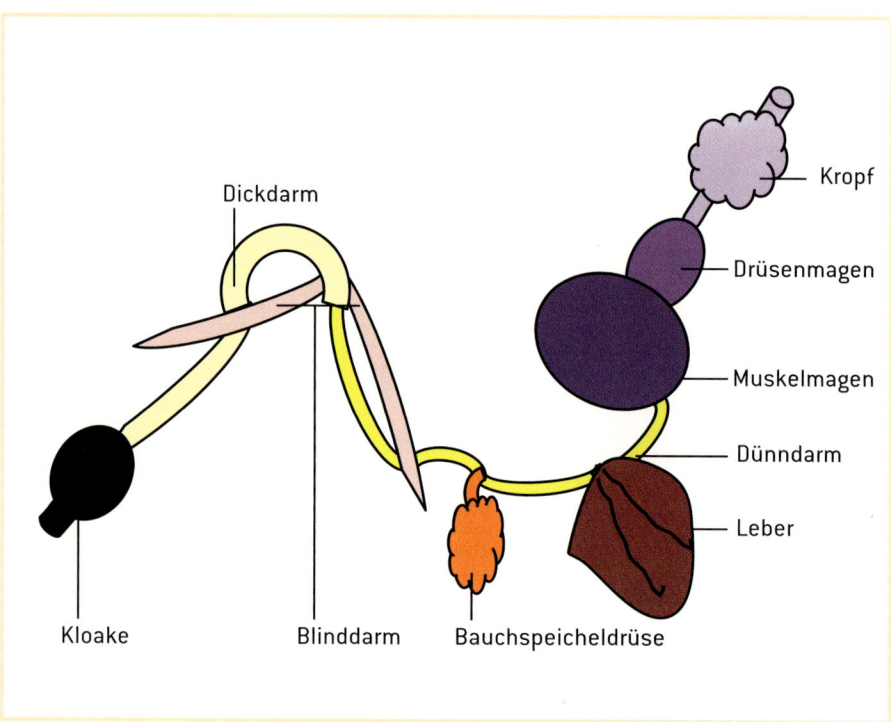

Schematische Darstellung des Verdauungstraktes eines Huhns

Kloake

Die Kloake ist der bei zahlreichen Lebewesen vorhandene letzte Abschnitt des Darms. Sie fungiert als gemeinsamer Ausgang für Verdauungs-, Geschlechts- und Exkretionsorgane. Bei Hühnern und anderen Vogelarten sorgt ein kräftiger Schließmuskel dafür, dass die Kloake nach außen gut abgedichtet ist.

Anatomie und Physiologie des Urogenitalsystems

Kopulierendes Hühnerpaar

Das Urogenitalsystem der Hühner weist einige Rückbildungen auf. So fehlen ihnen die Nebennieren, die Harnblase und die Harnröhre, weshalb sich der Harnapparat im Wesentlichen nur aus den Nieren und dem Harnleiter zusammensetzt. Anders als beim Menschen entzieht der Körper der Hühner dem Harn enorm viel Wasser. Dadurch bekommt der Harn eine breiähnliche Konsistenz und wird deshalb nicht als Flüssigkeit, sondern als weißliche Masse über die Kloake ausgeschieden.

Beim Hahn befindet sich in der Kloake auch das Geschlechtsorgan in Form eines kleinen Schleimhauthöckers. Während der Kopulation, welche der Hahn einleitet, indem er auf den Rücken der Henne aufreitet, pressen die beiden Partner ihre vorgestülpten Kloaken ganz fest zusammen. Dabei gibt der Hahn innerhalb weniger Sekunden seine Spermien ab.

Die Eier entstehen bei der Henne im Eierstock. In diesem reifen durch die Einlagerung von Nährstoffen in 24- bis 48-stündigen Abständen mikroskopisch kleine Eizellen zu sogenannten Dotterkugeln heran. Nachdem diese Kügelchen erheblich an Volumen zugenommen haben, platzen sie auf und wandern in den Eileiter. Dort bildet sich eine Haut um den Dotter. Anschließend lagert sich Eiklar, das in speziellen Drüsen produziert wurde, um den Dotter. Nach der Passage des Eileiters gelangt das noch unfertige Ei in die Kalkkammer, wo es innerhalb von etwa 17 Stunden mit einer haupt-

sächlich aus Kalziumkarbonat (Kalk) bestehenden Schale ummantelt wird. Zum Abschluss bildet sich ein äußert dünnes, als Cuticula bezeichnetes Häutchen um das Ei. Die Aufgabe dieses Häutchen besteht darin, das später gelegte Ei möglichst lange vor Austrocknung und Keimbefall zu schützen. Beim Legen des Eies muss das Huhn seine Kloake nach außen stülpen. Anschließend vergeht immer einige Zeit, bis die Kloake wieder komplett zurückgezogen und geschlossen ist.

Die Eier entstehen bei den Hühnern in 24-bis 48-stündigen Abständen.

Durchschnittlich legen Hennen deutlich mehr als 100 Eier pro Jahr.

Legeleistung und Legebereitschaft

Die Bankivahühner als die wilden Vorfahren der Haushühner legen ein- bis zweimal pro Jahr acht bis zwölf Eier. Das sieht bei den Haushühnern völlig anders aus. Bei den häufig gepflegten Nutzrassen kann man pro Henne deutlich mehr als 100 Eier pro Jahr veranschlagen, wobei von Ausnahmehennen sogar 250 bis 300 Stück zu erwarten sind.

Allerdings ist die Anzahl der gelegten Eier weder im Rhythmus eines Jahres noch während des gesamten Lebens einer Henne gleichbleibend. Ihre höchste Eierzahl erbringen die Hennen im ersten Legejahr. Im zweiten Jahr sinkt die Zahl in Abhängigkeit von der Hühnerrasse durchschnittlich um 15 bis 25 Eier ab. Diese rückläufige Tendenz setzt sich in den nachfolgenden Jahren noch weiter fort. Derartige Ergebnisse sind allerdings für viele Hühnerhalter angesichts ihres Arbeits- und Futteraufwandes sehr unbefriedigend. Deshalb verzichten sie oft auf ein drittes Legejahr ihrer Hühner und ersetzen diese bereits nach dem zweiten Legejahr durch junge Exemplare.

Die Legebereitschaft der Hühner wird neben dem Futter entscheidend durch die Tageslichtlänge beeinflusst, welche die verstärkte Ausschüttung bestimmter Hormone im Körper der Hennen bewirkt. Deshalb legen sie im Frühjahr besonders zuverlässig. Diese intensive Legephase erstreckt sich bis zur Mauser, die, wie bereits erwähnt, idealerweise zwischen Spätsommer und Frühhebst stattfindet. Während dieser Zeit sinkt bei den Hühnern die Legebereitschaft entweder rapide ab oder wird sogar gänzlich eingestellt. Die nach der Mauser einsetzende kalte Jahreszeit geht mit einer Abnahme der Tageslichtlänge einher, weshalb dann die Legebereitschaft bei vielen Rassen noch nicht wieder so groß ist wie im Frühjahr.

Bereits im 2. Legejahr sinkt die Anzahl der Eier, die ein Huhn durchschnittlich legt.

Ernährung und Futtermittelkunde

Würmer (l.) und Engerlinge (o.) gehören zu dem typischen Futterkomponenten, die Hühner im Freiland aufnehmen.

Das Huhn – ein Allesfresser

Vom Ernährungstyp her sind Bankivahühner Allesfresser. Das bedeutet, dass ihre natürliche Nahrung sich sowohl aus pflanzlichen als auch tierischen Bestandteilen zusammensetzt. Dementsprechend sollte auch die Nahrung der Haushühner aus vitaminreichen, hochwertigen Körnerkomponenten, Grün- und Saftfutter sowie tierischem Eiweiß bestehen. Letzteres setzt sich vor allem aus Würmern, Engerlingen, Käfern und anderen Insekten und Kleingetier zusammen, das die Hühner zu einem nicht unerheblichen Teil finden, wenn sie mit ihren Füßen im Auslauf herumscharren.

Ergänzend dazu kann man Knochenreste anbieten, die von gekochten oder gebratenen Speisen übrig geblieben sind und noch Fleischreste enthalten. Solche Fleischreste werden dann von den Hühnern sauber abgefressen. Die abgefressenen Knochen braucht man anschließend auch nicht wegzuwerfen, sondern kann sie fein zermahlen und den Hühnern am folgenden Tag – vermischt mit anderen Futterkomponenten – anbieten. Sie bestehen nämlich zu einem Großteile aus kalkhaltigen Verbindungen, welche die Hühner für ihren Stoffwechsel und die Bildung der Eierschalen benötigen. Außer den Knochen eignen sich als Zufütterung für Hühner auch verschiedene andere stärke-, eiweiß- und kohlenhydratreiche Küchenreste/-abfälle, deren Palette sich von stark zerkleinertem hartem Brot über Keks- und Kuchenkrümel bis zu gekochten Graupen, Kartoffeln, Nudeln und Quark erstreckt. Wichtig dabei ist, dass diese Nahrungsmittel weder verdorben noch mit Schimmelpilzen befallen sind, weil dadurch vergiftungsähnliche Zustände hervorgerufen werden können.

Hühner mögen es nicht suppig

Im Unterschied zu Enten und Gänsen sind bei Hühnern Futterkomponenten, die eine suppig-flüssige Konsistenz aufweisen, nicht sonderlich beliebt. Stattdessen mögen sie feste sowie feuchtkrümelige Nahrungskomponenten, die aber durchaus weich gekocht sein können, wie etwa Spaghetti-Reste. Derartige, zuvor gekochte Futtermittel werden im Verdauungstrakt der Hühner sogar schneller und umfassender aufgeschlossen, wodurch wiederum die daraus gewonnene Nahrungsenergie steigt. Wenn man zuvor gekochte Futtermittel, wie etwa Knochen zum Sauberpicken anbietet, sollten davon eventuelle Reste noch am gleichen Tag wieder aus den Futternäpfen entfernt werden. Anschließend sind die Futternäpfe gründlich zu reinigen. Das trifft ganz besonders dann zu, wenn diese Näpfe außerhalb des Stalls stehen, denn der Geruch von gekochten Küchenabfällen kann während der Nachtstunden unerwünschte Schadnager anlocken.

Dieses Brot eignet sich aufgrund des Schimmelpilzbefalls absolut nicht als Futter.

Diese Spaghetti, die von einer Mahlzeit übrig geblieben sind, werden von den Hühnern gern gefressen.

Futter, das Hühner mögen

Falls man Ackerflächen besitzt, kann das Futtergetreide, allen voran Weizen …

… und Gerste, selbst angebaut werden.

Das Hauptfutter, also der Großteil der täglichen Nahrung, sollte sich stets aus Körnerbestandteilen zusammensetzen. Das können sowohl handelsübliche Fertigmischungen als auch Getreidekörner in Reinform sein, die man entweder zukauft oder selbst anbaut. Bei **Getreide** handelt es sich um ein sehr stärkereiches Futtermittel. Diese Stärke ist, chemisch betrachtet, ein sehr langkettiger Zucker, der viel Energie enthält. Als Reinfutter stehen Weizenkörner in der Beliebtheitsskala der Hühner an erster Stelle. Danach folgen Maiskörner, die man am besten in grob geschroteter Form anbietet, sowie Gersten- und

Dinkelkörner. Haferkörner, zumindest in nicht geschroteter Form, sowie Roggen- und Triticalekörner werden weniger gern gefressen. Die beiden letztgenannten Getreidearten enthalten sogar einige Substanzen, die – bei dauerhafter Verfütterung – eine schwach giftige Wirkung auf manche Hühner haben können.

Weizenkörner

Gerstenkörner

Gekeimte Weizenkörner
enthalten reichlich Vitamine
und Linolensäuren.

Einer Redewendung nach ist Abwechslung das halbe Leben. Das trifft auch in vollem Umfang auf die Ernährung der Hühner zu, denen man Getreide nicht ständig als blanke Körner, sondern des Öfteren auch in gekeimter Form anbieten sollte. Mitunter dauert es zwar ein paar Tage, bis die Hühner auf den Geschmack kommen, aber wenn sie sich erst einmal daran gewöhnt haben, fressen sie dieses Futter mit großer Begeisterung.

Ein Vorteil von gekeimtem Getreide gegenüber blanken Körnern besteht im höheren Gehalt an Vitaminen und essentiellen (lebensnotwendigen) Linolensäuren. Aus diesem Grund ist es sehr empfehlenswert, gekeimtes Getreide im Winter anzubieten, weil dann deutlich weniger Vitamine aus grünen Pflanzen zur Verfügung stehen. Ähnlich verhält es sich während der Zeit der Mauser. Der Federverlust und die anschließende Federneubildung stellen eine außerordentliche Belastungssituation für die Hühner und ihr Immunsystem dar, dessen Funktionen und Leistungsfähigkeit man unbedingt durch eine sinnvolle Fütterung unterstützen sollte. Ein optischer Nebeneffekt, den das Verfüttern von gekeimtem Getreide bewirkt, sind kräftig gefärbte Eidotter.

Keimen von Getreide

Im Fachhandel sind spezielle, auch als Keimboxen bezeichnete Keimgeräte erhältlich, mit denen sich problemlos Körner keimen lassen. Man kann sich aber auch anders behelfen. Zu diesem Zweck gibt man die benötige Getreidemenge (pro Huhn und Tag wird etwa ein gestrichener bis ein leicht gehäufter Esslöffel veranschlagt) in ein leeres Glas und füllt danach etwa die doppelte Menge lauwarmes Wasser ein. Anschließend stellt man das Glas 24 Stunden lang in einen dunklen Raum, wo die Körner quellen können. Befindet sich nach dieser Zeit noch Restwasser im Glas, gießt man dieses ab und gibt dann die Körner als ganz dünne Schicht in eine große flache Plastikschale, deren Boden mit angefeuchtetem (jedoch nicht „schwimmenden") Fließpapier ausgelegt ist. Danach deckt man die Schale mit einer durchsichtigen Folie ab, in welcher sich zahlreiche kleine Löcher befinden. Diese Löcher sind notwendig, damit die keimenden Körner atmen können. Damit in der abgedeckten Schale der Keimungsprozess schnell vonstatten geht, stellt man sie in einen hellen, warmen Raum. Auf die gleiche Art lassen sich auch fast alle anderen, nicht zu den Getreidearten gehörenden Sämereien, wie etwa Linsen oder Erbsen, zum Keimen bringen.

Ein optischer Nebeneffekt, der
nach dem Verfüttern von gekeimtem
Getreide auftritt, sind kräftig gefärbte Eidotter.

Sowohl die frischen (l.) als auch die getrockneten Samen (r.) von Erbsen sind bei Hühnern sehr beliebt. Sie stellen ein hochwertiges, eiweißreiches Futter dar.

Sowohl die **Samen** als auch die frischen Pflanzenteile von **Hülsenfrüchten**, beispielsweise Acker- und Sojabohnen, Erbsen, Wicken, Süßlupinen, Blaue Luzerne sowie Rot- und Schwedenklee, stellen ebenfalls sehr hochwertige Futterkomponenten dar: Sie enthalten extrem viel pflanzliches Eiweiß. Deshalb sollte man nie auf diese Futterbestandteile verzichten, sondern sie sogar regelmäßig in den Futterplan der Hühner integrieren. Die Körner fungieren dabei als Hauptfutter, während frische Pflanzenteile als Grünfutter anzusehen sind. Vor dem Verfüttern ist es ratsam, größere Samen, wie etwa Erbsen und Ackerbohnen grob zu schroten, weil sie dann vom Verdauungstrakt der Hühner noch besser verwertet werden.

Ähnlich wie Menschen benötigen auch Hühner als Bestandteile einer ausgewogenen und zugleich abwechslungsreichen Ernährung verschiedene Vitamine und biochemische Verbindungen, die hauptsächlich in **Grün-** und sogenanntem **Saftfutter** enthalten sind. Diese beiden Futtermittelgruppen stellen die Nebennahrung dar. In einem artenreich bewachsenen Auslauf zupfen sich die Hühner in der Regel das meiste Grünfutter selbst von den Pflanzen ab. Falls Stallfütterungen erfolgen müssen, kann man ein feuchtkrümeliges Futtergemisch herstellen, das beispielsweise aus 70 % Weizenschrot, 10 % Weizenkleie, 17 % fein gehackten Grünpflanzen und 3 % Futterkalk sowie Mineralstoffen besteht.

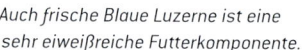

Auch frische Blaue Luzerne ist eine sehr eiweißreiche Futterkomponente.

Damit diese Mischung ihre feuchtkrümlige Konsistenz erhält, muss fast immer noch etwas Wasser zugesetzt werden. Als Grünpflanzen für eine solche Mischung eignen sich neben Luzerne und Klee auch junge Brennnesseln, Reste von Kopfsalat, Breit- und Spitzwegerich, Löwenzahn und Vogelmiere.

Genau wie grüne Pflanzen werden von den Hühnern auch Saftfutterkomponenten gern gefressen, zu denen unter anderem Möhren, Futter- und Zuckerrüben, Reste von Brokkoli, Blumenkohl sowie nicht fauliges Kernfallobst (Äpfel, Birnen) gehören. Einige diese Komponenten, beispielsweise Möhren, lassen sich ebenfalls sehr gut in eine selbst hergestellte feuchtkrümelige Futtermischung integrieren. So wäre es beispielsweise möglich, in der oben vorgestellten Futtermischung 7 % der gehackten Grünpflanzen durch fein geschnitzelte Möhren oder Rüben zu ersetzen. Die Menge an Haupt-, Grün- und Saftfutter, die ein erwachsenes Huhn täglich benötigt, hängt von mehreren Faktoren ab. Zu diesen gehören vor allem das Gewicht und die Größe

Junge, gehackte Brennnesseln lassen sich gut in feuchtkrümelige Futtergemische integrieren.

der Tiere. Des Weiteren spielt die Jahreszeit eine Rolle, denn im Winter brauchen Hühner etwas mehr Futter zur Aufrechterhaltung ihrer Körpertemperatur. Darüber hinaus wird die Futteraufnahme davon beeinflusst, ob die Hühner ganztägig im Stall verbleiben oder im Freiland selbst Nahrung suchen können. Ganz pauschal kann man jedoch die tägliche Futtermenge für ein ausgewachsenes Huhn, dessen Gewicht 2,5 bis 3,0 kg beträgt, mit 120 bis 180 g veranschlagen. Sollte der Futtertrog ständig schnell leer sein, erhöht man die Futtermenge ein wenig. Umgekehrt reduziert man diese, wenn ständig größere Reste im Trog zurückbleiben.

Fein geschnitzelte Rüben eignen sich gut als Bestandteile feuchtkrümeliger Futtermischungen.

Folgende Seite: Im Aulsauf finden Hühner Grünfutter, Grit und Kleininsekten.

Besonders wichtig: das Tränkwasser

Das Wasser, das den Hühnern als Tränke zur Verfügung steht, muss täglich durch frisches ersetzt werden.

An der Tränke

Nicht selten wird die Bedeutung unterschätzt, die Tränkwasser für Hühner hat. Kaum jemand versäumt es, seine Hühner täglich mit frischem Futter zu versorgen. Beim Wasser wird das mitunter etwas anders praktiziert. Falls in dem Tränkgefäß noch Wasser vom Vortag ist, gießen es manche Hühnerhalter nicht aus, um es anschließend durch frisches, hygienisch einwandfreies Leitungswasser zu ersetzen. Ganz zu schweigen, dass das Gefäß nicht gereinigt wird.

Aber Wasser ist eigentlich das wichtigste Nahrungsmittel für alle Tiere und bei legenden Hühnern kommt ihm eine ganz besondere Bedeutung zu. Die Hühner benötigen das Wasser dann nicht nur zur Aufrechterhaltung ihrer Körperfunktionen, sondern auch in einem erheblichen Maß zur Bildung der Eier. So hat das Innere der Eier einen sehr hohen Flüssigkeitsanteil, den die Hühner weitgehend über das Tränkwasser aufnehmen. Deshalb müssen sie jederzeit Zugang zu Wasser haben, um in beliebig großen Mengen saufen zu können.

Durch eine unzureichende Bewirtschaftung des Tränkwassers ignorieren manche Hühnerhalter auch die Tatsache, dass sich darin mit fortschreitender Zeit immer mehr Keime und manchmal sogar Krankheitserreger ansammeln. Dieser Sachverhalt ist deshalb so kritisch, weil in der Regel alle Hühner aus demselben Napf saufen. Dadurch kann schnell eine Übertragung von Keimen beziehungsweise Krankheitserregern auf alle Tiere des Bestandes erfolgen.

Mit Muschelschalen- und Schneckengehäusebruch angereicherter Grit

Im Freiland finden Hühner normalerweise genügend Grit.

Ebenfalls unentbehrlich – Kalk und Grit

Im Kapitel „Anatomie und Physiologie der Hühner" wurde bereits erläutert, welche Bedeutung Grit für die Verdauung hat. Der natürliche Instinkt der Hühner sagt ihnen, wie viele dieser kleinen Steinchen sie aufnehmen müssen, um die Funktionstüchtigkeit ihres Muskelmagens ständig zu gewährleisten.

Im Normalfall finden Hühner in einem großzügig konzipierten Auslauf genügend solcher Steinchen. Problematischer kann es werden, wenn sie aufgrund gesetzlicher Vorgaben (Stallpflicht) längere Zeit nicht ins Freiland können. Für derartige Situationen muss sich eine kleine, Grit enthaltende Kiste im Stall befinden, aus der sich die Hühner nach Belieben bedienen können. Diese Kiste sollte möglichst ein wenig erhöht in einer Ecke des Stalls platziert werden, um Verschmutzungen des Inhalts zu minimieren. Anstatt der Steinchen kann man als Grit auch im Fachhandel erhältliche geschrotete Muschelschalen anbieten, die sogar einen doppelten Effekt für die Hühner haben: Sie fungieren einerseits als „Mahlsteine" und andererseits werden Teile des dabei entstehenden kalkhaltigen Abriebs für die körperliche Regeneration sowie zur Eierschalenbildung genutzt. Für letzteres werden auch der pulverartige Futterkalk und die Mineralstoffgemische benötigt. Beide Komponenten stellen somit Ergänzungsstoffe für die optimale Ernährung der Hühner dar.

Tipps für die tägliche Fütterungspraxis

Die Fütterungen erfolgen am besten am Morgen und am frühen Nachmittag.

Als Futter angebauter Körnermais

Gefüttert wird am besten am Morgen und am frühen Nachmittag. Dadurch gibt man den Hühnern bis zum Einsetzen der Dunkelheit genügend Zeit, das Futter in aller Ruhe aufzunehmen. Dabei sollte man bestrebt sein, die Hühner immer zur selben Uhrzeiten zu füttern, weil das für ihren Tagesrhythmus und das Wohlbefinden von Vorteil ist. Außerdem hat es sich bewährt, wenn alle Hühner gleichzeitig an den Futtertrog gelangen können. Dadurch wird unnötiger Streit unter den Tieren vermieden. Auch die schwächeren Hühner gelangen dann an das gleiche Futter wie ihre Artgenossen und müssen sich nicht mit dem begnügen, was diese übriglassen. Je nach Rasse sollten

deshalb pro Huhn an einem Längstrog mindestens 16 bis 25 cm und an einem Rundtrog 7 bis 12 cm Fressplatzbreite zu Verfügung stehen.

Neben reinen Körnerchargen bietet der Fachhandel ein umfangreiches Sortiment an Futtermischungen an, die im Wesentlichen aus Körnern bestehen und zuweilen mit Mineralien, Vitaminen und manchmal auch mit Soja angereicht wurden. Zu diesem Sorti-

Der Futtertrog sollte so groß sein, dass alle Tiere gleichzeitig daran Platz finden.

ment gehören auch Küken-, Junghühner- und Lege-hennen-Futtermischungen, deren stoffliche Zusammensetzungen die Hersteller auf die Bedürfnisse der Tiere in den betreffenden Altersgruppen beziehungsweise Lebensabschnitten abgestimmt haben. Die Konsistenz dieser Futtermittel erstreckt sich von mehlähnlicher Vollwertnahrung über körnerhaltige, teilweise auch grob geschrotete Mischungen bis zu gepressten Pellets.

Alle diese Futtermittelvarianten weisen sowohl Vor- als auch Nachteile auf. So werden beispielsweise bei Körnermischungen oft größere Mengen aus dem Trog geworfen, weil die Hühner nach den leckersten Einzelkörnern suchen. Andererseits verunreinigen die Körnergemische bei Weitem nicht so schnell wie Futtermehle. Letztere sind wiederum schon stark zerkleinert und können im Verdauungstrakt der Hühner schneller und leichter resorbiert werden. Ein Vorteil bei Pellets liegt darin, dass sie alle gleich aussehen und die Hühner deshalb weniger darin herumselektieren.

Um die Fütterung der Legehennen möglichst bedürfnisgerecht zu gestalten, bietet man ihnen zwei- bis dreimal pro Woche sogenanntes Legekorn beziehungsweise -mehl an. Dabei handelt es sich um ein besonders vitamin- und mineralstoffreiches Komponentengemisch. Legekorn wird zumeist im Verhältnis 2:1 mit Getreide gemischt und anschließend verfüttert. Zur Mischung mit dem Legekorn eignen sich vor allem Weizen und Gerste. Bekanntlich benötigen Hühner während der Mauser überdurchschnittlich hohe Mengen an Vitaminen, Mineralstoffen und Eiweißen. Hierfür hält der Fachhandel spezielle Mausermischungen bereit.

Futtermischung für Legehennen

Eine Körnermischung aus dem Fachhandel

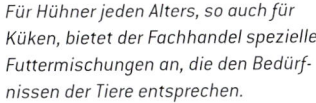
Für Hühner jeden Alters, so auch für Küken, bietet der Fachhandel spezielle Futtermischungen an, die den Bedürfnissen der Tiere entsprechen.

Futterkauf – Masse ist oft nicht klasse

Beim Kauf sind Futtermischungen zu bevorzugen, auf deren Verpackungen die prozentualen Anteile der Inhaltsstoffe stehen (das spricht in aller Regel auch für die Seriosität des Herstellers). Außerdem hat es sich als zweckmäßig erwiesen, öfter kleinere Futtergebinde zu kaufen als sogenannte Jumbo-Packungen. Prozentual lassen sich bei letzteren zwar oftmals ein paar Euro sparen, aber Jumbo-Packungen weisen einen nicht zu unterschätzenden Nachteil auf: Sobald eine solche Futterpackung geöffnet wird und ihr Inhalt in Kontakt mit Luftsauerstoff und/oder Licht kommt, beginnt die Zersetzung zahlreicher Vitamine. Diese Zersetzung geht mit fortschreitender Zeit immer stärker und schneller vonstatten.

Hühnertypisches Verhalten

Ein Hahn begrüßt den neuen Tag.

Im Auslauf wird insbesondere nach kleiner tierischer Nahrung gesucht.

Das Legen der Eier erfolgt zumeist am Vormittag.

Am Morgen die Ersten – aber auch am Abend

Hühner sind ausgesprochene Frühaufsteher. Oft ertönt als akustisches Startzeichen in den Tag der erste Hahnenschrei, bevor die Morgendämmerung dem hellen Tageslicht gewichen ist.

Nach dem Weckruf betreiben die Hühner zunächst Morgentoilette, indem sie ihre Gefieder ausgiebig putzen. Anschließend nehmen sie Wasser auf. Erfolgt die Fütterung im Stall, fressen die Hühner danach und warten bis die Klappe zum Auslauf geöffnet wird. Im Freigehege suchen sie, obwohl weitgehend gesättigt, weiter nach Nahrung. Es sind dann vor allem tierische Nahrungskomponenten, wie Würmer und Insekten, welche als Leckerbissen immer noch ein Plätzchen im Verdauungstrakt der Hühner finden. Im weiteren Verlauf des Vormittags werden häufig auch pflanzliche Nahrungsbestandteile abgehackt oder aufgepickt.

In den meisten Fällen unterbrechen Hühner ihre vormittägliche Futtersuche und begeben sich in ein Nest, um ein Ei zu legen. Danach gehen sie in den Auslauf zurück.

Bei trockenem Wetter werden die Mittagstunden gern zum Sandbaden und in der wärmeren Jahreszeit auch zum Sonnenbaden genutzt. Während dieser Zeit herrscht weitgehend Ruhe in der Hühnerschar.

Nachdem die Hühner das Sand- und/oder Sonnenbaden beendet haben, nehmen sie zumeist noch einmal Wasser auf und widmen sich wieder einer ihrer Lieblingsbeschäftigungen, der Nahrungssuche. In diese integrieren die Hühner auch die Futtergaben, welche sie planmäßig am zeitigen Nachmittag erhalten. Sobald die Abenddämmerung naht, wird die landläufige Redewendung „mit den Hühnern schlafen gehen" in die Tat umgesetzt.

Der Hahn beginnt dann, seine Hennen in den Stall zu treiben, wo alle auf der/den Sitzstange(n) Platz nehmen und bald darauf einschlafen.

Beim Sonnenbaden

Sandbaden im Freigehege

Siesta am Mittag ist wichtig

Man sollte es möglichst vermeiden, während der mittäglichen Ruhephase umfangreichere Arbeiten im Stall und Auslauf zu verrichteten oder die Hühner in sonstiger Weise zu stören. In dieser Zeit läuft nämlich der Aufbau der Eierschale auf Hochtouren und länger anhaltender Stress kann Fehlbildungen hervorrufen.

*Der Hahn übernimmt inner-
halb einer Hühnerschar
mehrere „organisatorische"
Funktionen.*

Die wichtigste Funktion des Hahns besteht in der Paarung mit den Hennen.

Keine Majestätsbeleidigung!

Die wichtigste natürliche Funktion eines Hahns besteht darin, sich mit den Hennen zu paaren und somit die Voraussetzungen für die Vermehrung und Erhaltung der Art zu schaffen.

Allerdings sind manche Hühnerhalter gar nicht daran interessiert, dass sich ihre Tiere vermehren. Sie kaufen lieber neue Küken oder Junghühner zur Erneuerung ihres Bestandes. Für die Legebereitschaft der Hühner ist ebenfalls nicht unbedingt die Anwesenheit eines Hahns erforderlich. Stattdessen kommen die Hennen auch ohne ihn in Legestimmung und produzieren regelmäßig Eier. Trotzdem kann nur jedem Geflügelfreund empfohlen werden, einen Hahn zu halten. Dieser übernimmt nämlich außer dem Treten der Hennen noch zahlreiche „organisatorische" Aufgaben innerhalb der Hühnerschar. Falls diese nur Exemplare

einer Rasse umfasst und der Hahn gemeinsam mit den Hennen aufgewachsen ist, hat er immer die Spitzenposition inne. Allerdings hat der Hahn diese Spitzenposition nicht ohne Zutun erhalten. Stattdessen konnte er sie – nicht zuletzt aufgrund seiner körperlichen Überlegenheit – bereits während der Rangordnungskämpfe im Küken- und Jugendalter gegen die Hennen erstreiten.

Außerdem muss er immer von Neuem beweisen, dass er diese Position zu Recht innehat, indem er seine Hennen vor potentiellen Feinden warnt und gegebenenfalls auch gegen diese verteidigt. Eine weitere Aufgabe besteht darin, die Schar zusammenzuhalten. Das geschieht unter anderem in der Weise, dass der Hahn für größtmöglichen Frieden innerhalb der Hühnerschar sorgt. So schlichtet er beispiels-

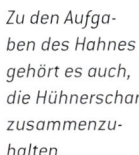

Zu den Aufgaben des Hahnes gehört es auch, die Hühnerschar zusammenzuhalten.

Bereits die stolze Körperhaltung und der Blick dieses Hahns verraten, dass er sich seiner dominanten Position in seinem Revier bewusst ist.

weise aktiv viele kleinere Streitereien, die zwischen den Hennen aufkommen.

Wird der alte Hahn gegen einen jungen ausgetauscht, akzeptieren die Hennen diesen in den meisten Fällen nicht sofort als „Chef im Ring". Im Gegenteil, er muss seinen Heldenmut sowie seine Führungsqualitäten erst beweisen und sich gegen die ihn anfangs attackierenden Hennen durchsetzen. Dabei kann es zu erheblichen Problemen kommen, wenn man beispielsweise einen Federfüßigen Zwerghahn oder einen Chabo-Hahn in eine aus großen kräftigen Hühnern, wie etwa Brahmas oder Dorkings, bestehende Schar integrieren möchte. Dann kann es passieren, dass die Hennen dieses „Zwergmännchen" zwar als Paarungspartner dulden, ihm aber sonst kaum Respekt zollen. Im Gegenteil, wenn sie seine Liebesdienste nicht benötigen, attackieren sie ihn sogar manchmal. Bei den meisten Hühnerrassen ist es auch nicht möglich, in eine Schar, welche bereits einige Zeit besteht und von einem starken Hahn geführt wird, einen zweiten erwachsenen Hahn zu integrieren.

Das kommt einer Majestätsbeleidigung des „Platzhahns" gleich. Dieser betrachtet die Hühnerschar in gewisser Weise als seinen Harem und den Stall sowie den Auslauf als sein Revier, in dem er keinen Nebenbuhler duldet. Ein Kampf ist dann unausweichlich, den bei etwa gleichstarken Gegnern der Platzhahn fast immer für sich entscheidet. Der Unterlegene findet sich danach in der Rolle des „Prügelknaben" wieder. Er wird in der Folgezeit nicht nur sehr häufig von dem Sieger, sondern manchmal auch von den Hennen attackiert. Eine solche Situation, in welcher der Unterlegene einem krankheitsähnlichen Dauerstress ausgesetzt ist, sollte jeder Geflügelhalter vermeiden.

Rechts und folgende Seite: Die meisten erwachsenen Hähne akzeptieren es nicht, wenn ein fremder Nebenbuhler in ihren Herrschaftsbereich eingesetzt wird oder versehentlich eindringt. Dann kommt es fast immer zu einem Kampf, der zwischen etwa gleichstarken Individuen recht heftig verlaufen kann.

Konflikte zwischen den Hühnern werden oft entschärft, indem das unterlegene Tier den Kopf abwendet.

Gehackt wird nach erkämpfter Ordnung

nnerhalb einer Hühnerschar existiert zwischen den Tieren ein Geflecht an Beziehungen. Diese Beziehungen können sowohl freundschaftlicher als auch aggressiv-dominanter Natur sein und werden vor allem durch unterschiedliche Lautäußerung sowie Körperhaltung und -bewegung ausgedrückt. In vielen Fällen genügt es bereits, dass eine rangniedere Henne bei einem Konflikt mit einer ranghöheren Henne den Kopf abwendet, um die Situation zu entschärfen.

Zollt ein rangniederes Huhn einem ranghöheren nicht den erwarteten Respekt, wird es von letzterem zumeist durch ein paar Schnabelhiebe wieder zur Ordnung gerufen. Auf der Grundlage von Kämpfen, die spielerisch bereits im Kükenalter beginnen und mit zunehmender Ernsthaftigkeit bis zum Erreichen des Erwachsenenalters fortgeführt werden, hat sich in jeder Hühnerschar eine auch als Hackordnung bezeichnete Rangfolge entwickelt. Basierend auf dieser Ordnung hacken so gut wie immer nur die ranghöheren die rangniederen Tiere. In kleineren Hühnerscharen, die aus drei bis fünf Tieren bestehen, ist zumeist eine lineare, eine Dreieckshackordnung oder eine Ordnung mit einem dominanten Huhn und einem Hackdreieck vorhanden. In größeren Scharen, die 15 oder mehr Hennen umfassen, existiert dagegen ein wesentlich mannigfaltigeres Hackgefüge zwischen den Hennen.

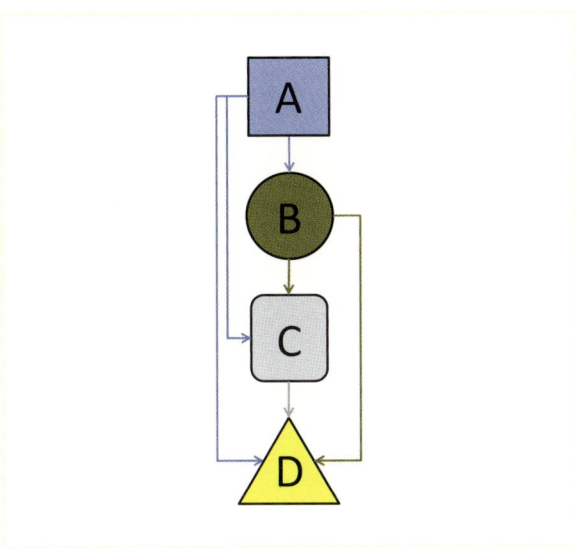

Streng lineare Hackordnung, bei der A das Alphatier ist.

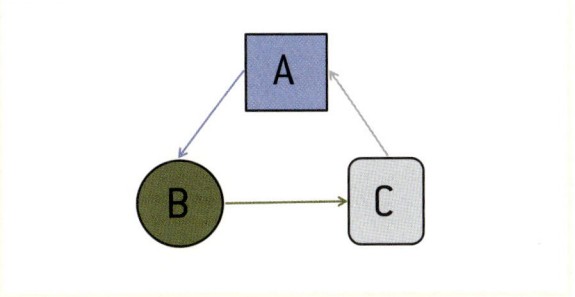

Dreieckshackordnung

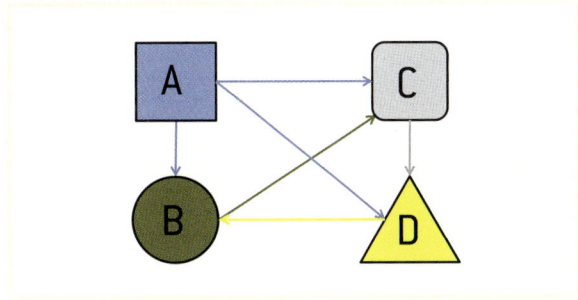

Hackordnung mit dominanten Huhn und Hackdreieck

In der linearen Hackordnung dominiert das Huhn A alle anderen Artgenossen. B wiederum darf C und D hacken, während D am Ende der Rangkette steht und keinerlei „Hacklizenzen" hat. Ein Hackdreieck entwickelt sich oftmals zwischen annährend gleich starken Hennen. Innerhalb dieses Hackgefüges sind alle Hennen nahezu gleichberechtigt.

Die Hackordnung dient nicht dazu, ständigen Unfrieden in die Hühnerschar zu bringen, sondern Ruhe. Jedes Tier kennt genau seine Rangposition und hat diese weitgehend akzeptiert.

Bei besonders groben Verletzungen der hierarchischen Rangfolge kann es auch passieren, dass die Hiebe etwas kräftiger ausfallen und das dominante Huhn das unterlege über eine kurze Strecke verfolgt. Danach ist aber in aller Regel die Streitigkeit bereinigt. Verändert sich dagegen plötzlich das bestehende Gefüge der Hühnerschar, indem beispielsweise neue Hühner oder ein anderer Hahn dazugesetzt werden, entsteht Unruhe. Es kommt vermehrt zu Rangordnungskämpfen, um die Position der neuen Tiere zu ermitteln. Solche Kämpfe werden manchmal auch von bisher rangniederen Hennen genutzt, um ihre Position gegenüber den bisherigen Artgenossen zu verbessern. Nachdem die Hierarchie neu ausgekämpft wurde, zieht wieder Ruhe in die Hühnerschar ein.

Innerhalb einer schon länger zusammenlebenden Schar kennt jedes Tier genau seine hierarchische Position.

Vermehrung oder Zukauf

Glucke mit Küken

Glucke, Apparat oder Zukauf?

Zur Reproduktion des eignen Hühnerbestandes existieren im Wesentlichen drei Möglichkeiten. So kann man entweder Küken beziehungsweise Junghühner zukaufen oder befruchtete Eier von einer Glucke und/oder einem speziellen Apparat erbrüten lassen. Welche dieser drei Methoden favorisiert wird, muss letztlich jeder Geflügelhalter selbst entscheiden. Allerdings ist es kaum ratsam, sich einen teuren Brutapparat anzuschaffen, wenn man einmal pro Jahr 15 bis 30 Küken benötigt. In diesem Fall hat es sich

als sinnvoller erwiesen, den Besitzer eines solchen Apparates zu bitten, die Eier mit ausbrüten zu lassen. Außerdem sind dafür auch einige Fachkenntnisse notwendig. So müssen beispielsweise die Eier während der 21 Tage dauernden Brutphase kontinuierlich gedreht werden, um das Schlüpfen der Küken zu gewährleisten.

Wer seinen Hühnerbestand über eine Glucke reproduzieren möchte, benötigt dafür entweder befruchtete Eier oder in erster Instanz einen Hahn. Dieser muss sich mit den Hühnern paaren und dabei die Eier befruchten. Man sagt auch dazu, dass der Hahn die Hühner tritt. In diesem Zusammenhang gilt die Faustregel, dass Hähne der schweren Rassen zehn und der

Hahn beim Treten einer Henne

der leichten Rassen maximal fünfzehn Hühner betreuen sollen.

Falls man auf einen Hahn verzichtet und stattdessen befruchtete Eier verwendet, muss man diese einer gluckenden Henne unterschieben. Ein derartiges Unterschieben (unter eine Ammenglucke) erfolgt oft mit den Eiern von Rassen, die selbst nur wenig oder gar keinen Bruttrieb mehr zeigen.

Besonders häufig tritt bei Hühnern das typische Gluckenverhalten im Frühjahr auf. Es äußerst sich darin, dass die betreffenden Hühner
➜ deutlich länger als üblich auf den Nestern sitzen bleiben,
➜ ihre Bauchbereiche allmählich federlos werden,
➜ die Hennen häufig glucksende Laute von sich geben und
➜ sich gegenüber Artgenossen und Menschen aggressiver verhalten.

Es hat sich als vorteilhaft erwiesen, wenn Glucken in einem separaten Raum oder einem abgeschotteten Bereich des Stalls ihr Brutgeschäft durchführen können. Auf diese Weise vermeidet man von vornherein störende Einflüsse durch die anderen Hühner. Zahlreiche Geflügelfreunde bereiten für die Glucke ein spezielles Brutnest vor, indem sie einige abgestochene Grassoden unter der dicken Stroh-Heu-Lage des eigentlichen Nestes deponieren. Die Grassoden bewirken ein besonders vorteilhaftes Brutklima. Glucken (auch große) sollte man möglichst auf maximal zwölf Eiern sitzen lassen, weil es ihnen sonst zunehmend schwerer fällt, diese mit ihrem Körper zu bedecken und auszubrüten.

Glucken sollte man möglichst auf nicht mehr als zwölf Eiern sitzen lassen, weil sie sonst oft nicht alle mit ihren Körper bedecken können.

Glucke mit Küken im Nest

Brutapparat mit geschlüpften Küken

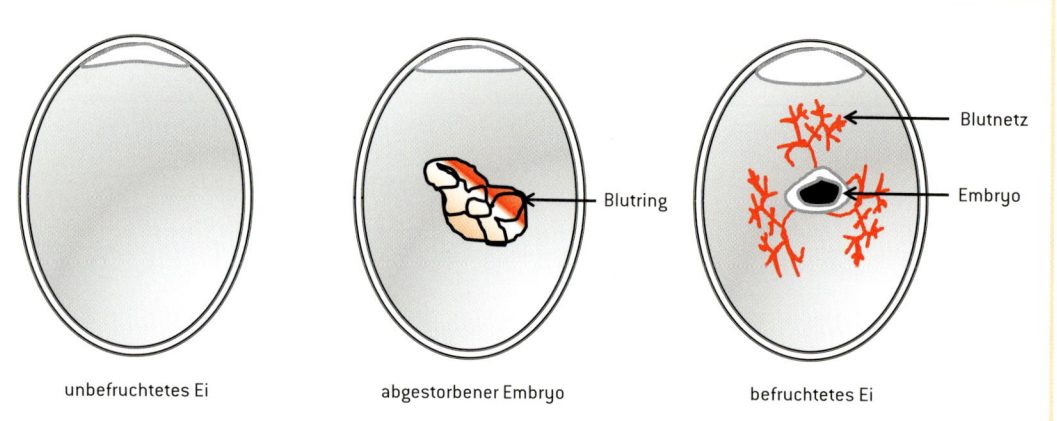

unbefruchtetes Ei   abgestorbener Embryo   befruchtetes Ei

Blutnetz

Blutring

Embryo

Mithilfe des Schierens lässt sich der Bebrütungszustand von Eiern schnell und unkompliziert feststellen.

Während der Brutphase verlässt die Henne das Nest gewöhnlich nur zur Nahrungs- und Wasseraufnahme, weshalb man ein Tränk- und Fressgefäß in unmittelbarer Nähe aufstellen sollte. Die restliche Zeit bleiben die Glucken fest sitzen und drehen lediglich hin und wieder die Eier ein wenig. Nach Ablauf von 21 Tagen kämpfen sich die Küken mithilfe einer kleinen, auf der Schnabelspitze befindlichen Hornstruktur, dem sogenannten Eizahn, aus den Eiern heraus. Wenn man merkt, dass ein Küken gegen die Eierschale hämmert,

diese aber nicht durchbrechen kann, ist es möglich, durch vorsichtiges Aufbrechen Schlupfhilfe zu leisten.

Anfangs ist das Gefieder der Küken noch verklebt. Sobald es jedoch getrocknet ist, sehen die Küken in ihren Daunen fast wie Plüschtiere aus. Unter den Hausgeflügelarten verkörpern sie den Nestflüchtertyp, das bedeutet, sie werden von der Glucke nicht im Nest betreut, sondern folgen ihr überall hin. Die Glucke erweist sich dabei immer wieder als lebende Wärmequelle, indem sie die Kleinen bei kälterem Wetter häufig unter ihren Flügeln hudert. Gewöhnlich werden die Küken von der Glucke sechs bis sieben Wochen lang betreut. Danach beginnt die Glucke oftmals, sich für die Erbrütung eines weiteren Geleges vorzubereiten und verliert allmählich das Interesse an den Küken. Diese werden ab der achten Lebenswoche als Junghennen beziehungsweise -hähne bezeichnet.

Falls man die erforderlichen Küken zukauft und somit ohne Glucke aufziehen will, ist eine im Stall aufgehängte Wärmelampe erforderlich, die sich ungefähr 40 bis 50 cm über dem Boden befindet. Unter einer solchen „künstlichen Glucke" halten sich die Küken ausgesprochen gern auf. Mit jeder Lebenswoche reduziert sich allerdings das Wärmebedürfnis der Küken. So benötigen sie in der ersten Lebenswoche eine Umgebungstemperatur von 30 bis 32 °C, die pro Woche um 2 bis 3 °C gesenkt wird, sodass die Temperatur unter der Lampe in der fünften Lebenswoche noch etwa 18 bis 22 °C beträgt. Ob die unter der „künstlichen Glucke" vorherrschende Temperatur den

Durchleuchten verschafft Klarheit

Mithilfe einer sogenannten Schierlampe ist es möglich, die Eier zu durchleuchten. Dadurch lässt sich bereits ab dem siebenten Bruttag feststellen, ob die Eier befruchtet waren und/oder die Entwicklung des Embryos wunschgemäß verläuft. Erkennt man beim Durchleuchten einen sogenannten Blutring, ist der Embryo im Ei abgestorben. Ist dagegen ein Blutnetz vorhanden, verläuft die Entwicklung normal.

Küken zusagt, erkennt man an ihrem Verhalten. Wenn sie am äußeren Rand des abgestrahlten Wärmekegels sitzen, ist die Temperatur genau richtig. Hocken sie dicht gedrängt im Zentrum des Wärmekegels, muss die Temperatur etwas erhöht werden. Halten sie sich dagegen außerhalb des Wärmekegels auf, ist ihnen zu warm und eine Senkung der Temperatur erforderlich.

Hudernde Glucke

Der Kampf aus dem Ei

Küken, hier unter dem Wärmekegel einer Lampe, haben in den ersten Lebenswochen ein sehr großes Wärmebedürfnis.

Bei warmem, trockenem Wetter ist es ratsam, die Küken täglich ein paar Stunden ins Freiland zu lassen. Insbesondere künstlich aufgezogene (aber auch von einer Glucke geführte) Exemplare sollten dabei möglichst nicht mit Alttieren in Kontakt kommen und das aus zweierlei Gründen: Einerseits genießen „elternlose" Küken nicht den Schutz einer Glucke und werden deshalb zuweilen von den Alttieren attackiert. Anderseits sind die Jungen während ihrer ersten Lebenstage besonders anfällig für Krankheiten, weil ihr Immunsystem noch nicht richtig ausgebildet ist.

Ein Küken, bei dem das Federschieben an den Flügeln begonnen hat

Nicht alle Küken werden Hühnchen

Während der ersten Lebenstage können normalerweise nur ausgebildete Spezialisten das Geschlecht der Küken anhand der Kloakenöffnung erkennen. (Eine Ausnahme bilden die Küken des Bielefelder Kennhuhns.) Die meisten Hühnerhalter müssen dagegen warten, bis die Küken ihre ersten Federn schieben. Die jungen Hähnchen tragen dann den Schwanz etwas höher und sind ein wenig größer als die Hühnchen. Dafür beginnen letztere fast immer ein paar Tage früher mit dem Schieben der Federn.

Um später tatsächlich so viele Hühner zu haben, wie man anstrebt, sollte beim Kauf die doppelte bis etwa 2,2-fache Anzahl an Küken erworben werden. Diese Empfehlung basiert darauf, dass sich etwa die Hälfte der Küken zu Hühnchen und die andere Hälfte zu Hähnchen entwickelt. Sobald diese überzähligen Hähnchen ein entsprechendes Gewicht erreicht haben, lassen sie sich als Schlachttiere verwerten.

Blutauffrischung

Falls man Hühner selbst vermehren möchte, ist vor allem darauf zu achten, dass keine Inzucht praktiziert wird. Unter Inzucht versteht man die Verpaarung von Tieren, die ersten Grades miteinander verwandt sind, wie etwa Vater und Tochter oder Bruder und Schwester. Bei der Verpaarung solcher Tiere wird das genetische Material der Nachkommen zunehmend einheitlicher, wodurch sogenannte Inzuchtdepressionen auftreten. Diese äußern sich vor allem in einer verminderten Leistungsfähigkeit, einer stärkeren Krankheitsanfälligkeit und einer sinkenden Vitalität.

Die einfachste Variante, Inzuchtdepression zu vermeiden, besteht darin, vor jeder Brutperiode die Hähne gegen neue auszutauschen. Diese Zuchtmethode wird auch als Blutauffrischung bezeichnet. Dabei sollte man möglichst nicht über mehrere Jahre hinweg die Hähne vom selben Geflügelhalter beziehen, weil es sonst passieren kann, dass sich zwischen diesen Tieren und denen des eigenen Bestandes ebenfalls ein engerer Verwandtschaftsgrad entwickelt, der den Charakter einer mäßigen Inzucht hat. Das wäre beispielsweise bei Kreuzungen zwischen Onkel und Nichte oder Cousin und Cousine der Fall.

Um Inzuchtdepression bei der Vermehrung zu vermeiden, ist es ratsam, regelmäßig den Hahn gegen einen neuen auszutauschen.

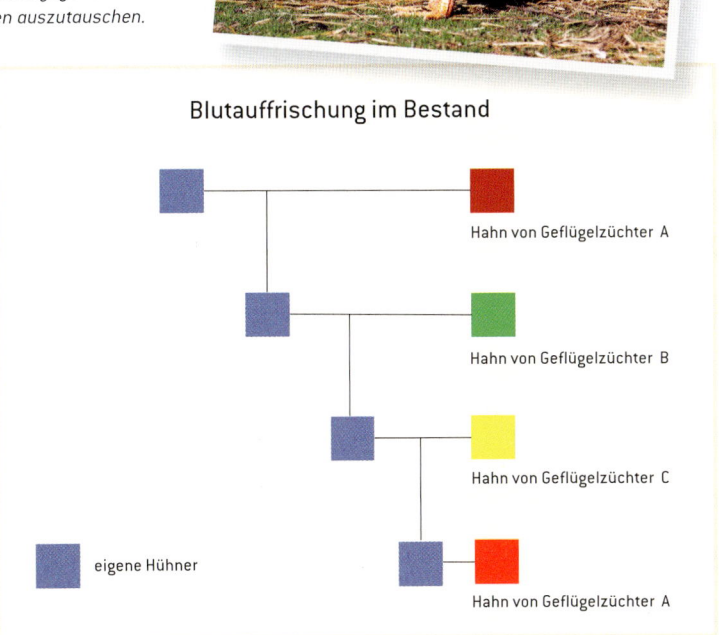

Blutauffrischung im Bestand

Hahn von Geflügelzüchter A

Hahn von Geflügelzüchter B

Hahn von Geflügelzüchter C

eigene Hühner

Hahn von Geflügelzüchter A

Wiederholte Einkreuzung fremder Hähne vermeidet mäßige Inzucht im eigenen Bestand.

Rassehühner oder Hybriden?

Für die industrielle Hühnerproduktion werden spezielle Hybriden gekreuzt, die oft mit überdurchschnittlichen Leistungen beim Eierlegen aufwarten.

Unter Hybriden versteht man Mischlingstiere, die keiner Rasse angehören. Allerdings sind Hybriden nicht gleich Hybriden. So werden für die industrielle Hühnerproduktion häufig ganz gezielt Hybriden gezüchtet, die mit überdurchschnittlichen Leistungen aufwarten, beispielsweise beim Legen von Eiern. Es handelt sich dabei um die Realisierung einer planmäßigen Hybridhühnerproduktion, bei der sich die Züchter auf zahlreiche Kenntnisse (beispielsweise die genauen Ahnenlisten der Kreuzungstiere) und Erfahrungen – zum Beispiel dass beim Kreuzen von Hühnern aus den Zuchtstämmen A und B Nachkom-

men hervorgehen, die mehr Eier/Zeiteinheit legen als ihre Eltern – stützen können. Allerdings geht bei solchen Legehybriden die hohe Leistung an Eiern oftmals mit einer verminderten Fleischqualität einher.

Bei Hybriden, deren Ahnenreihen nicht bekannt sind, ergibt sich eine völlig andere Situation. Dann nützt es kaum etwas, zu wissen, dass vielleicht die Mutter dieser Tiere eine gute Legehenne war. In diesem Fall steht nämlich immer noch die Frage: Waren auch die Großmutter und die Urgroßmutter gute Legerinnen oder ist die Mutter nur zufällig positiv aus der Art geschlagen. Oftmals sind auch Legeeigenschaften, welche die Ahnen des Vaters zeigten, nicht bekannt. Deshalb ist das Einstallen von Hybriden, von denen sich die Ahnenleistungen nicht mindestens drei bis vier Generationen zurückverfolgen lassen, immer eine Art Lotteriespiel. Man kann Glück haben, dass sich die betreffenden Küken/Junghühner zu leistungsstarken Tieren entwickeln, aber genauso ist es möglich, dass sie nie die erhofften Leistungen erreichen.

Beim Einstallen von Rassetieren liegen wesentlich bessere Voraussetzungen vor. Für diese Hühner existiert ein Rassestandard, welcher unter anderem die durchschnittlichen Körpergewichte und die Anzahl der jährlich gelegten Eier vorgibt. Diese standardmäßigen Vorgaben werden bei normaler Fütterung und Haltung auch von mindestens 90 bis 95 Prozent aller Hühner der betreffenden Rasse erreicht. Deshalb lassen sich die Leistungsparameter von Rassehühnern wesentlich exakter im Voraus abschätzen als von Hybriden mit unbekannten Ahnenreihen.

Bei Rassehühnern, wie beispielsweise Orpintons, lassen sich bereits bei Junghühnern die späteren Legeleistungen gut abschätzen.

Praxis der Hühnerhaltung

Der zweckmäßige Hühnerstall

Mitunter wird dem Hühnerstall, ähnlich wie dem Tränkwasser, nicht die Bedeutung beigemessen, die ihm eigentlich zukommen müsste. Bezüglich der außerordentlich großen Bedeutung des Stalls braucht man sich nur einmal vor Augen zu halten, dass dieser für die Hühner sowohl in der Nacht als auch bei ungünstigem Wetter am Tag als Quartier fungiert. Somit verbringen die Hühner einen nicht unbeträchtlichen Teil ihres Lebens in diesem Gebäude.

Generell sollte der Hühnerstall so konzipiert sein, dass auch eine groß gewachsene Person in aufrechter Körperhaltung darin stehen und die erforderlichen Wartungs- und Pflegearbeiten bequem verrichten kann. Gleichzeitig hat es sich auch als vorteilhaft erwiesen, wenn der Stallfußboden aus einer geschlossen Beton-, Stein- oder Asphaltdecke besteht. Durch einen derartigen Untergrund können sich weder Schadnager noch Füchse in den Stall graben. Des Weiteren kann keine Feuchtigkeit von unten in den Stall dringen, gegen welche Hühner besonders empfindlich sind. Letztlich lässt sich ein solcher Fußboden mit geringem Aufwand äußerst gründlich reinigen und bietet Krankheitserregern sowie schädlichen Keimen keine guten Voraussetzungen sich einzunisten. Aber diese Bodentypen haben auch alle einen großen Nachteil: Sie sind fußkalt. Um das zu kompensieren, müssen sie vor allem während der kälteren Jahreszeit mit einer entsprechend hohen Einstreuschicht bedeckt werden.

Als Baustoffe für die Wände des Stall empfehlen sich gut wärmeisolierende Materialien, wie beispielsweise Porenbeton oder Hohlziegel. Falls ein bereits beste-

hender Stall umgebaut und dabei wärmegedämmt werden soll, bietet es sich auch an, die Außenwände mit Dämmplatten zu versehen und diese anschließend mit einer Putzschicht abzudecken. Die Innenwände und die Decke des Stalls haben idealerweise einen Kalkanstrich, der mindestens alle zwei bis drei Jahre neuert wird.

Beim Neubau eines Stalls empfiehlt es sich außerdem, große Fenster einzubauen, die durchaus fast eine ganze Seite des Gebäudes einnehmen können, denn Hühner mögen es hell. Zumindest einige diese Fenster sollten kippbar sein, um stets eine ausreichende Belüftung zu gewährleisten und somit eine wichtige

Generell sollte ein Hühnerstall – wie das im Hintergrund befindliche Modell – so konzipiert sein, dass eine erwachsene Person in aufrechter Körperhaltung darin stehen kann.

Linke Seite: Oftmals wird dem Stall, insbesondere der Ausstattung, nicht die Bedeutung beigemessen, die ihm zukommen sollte.

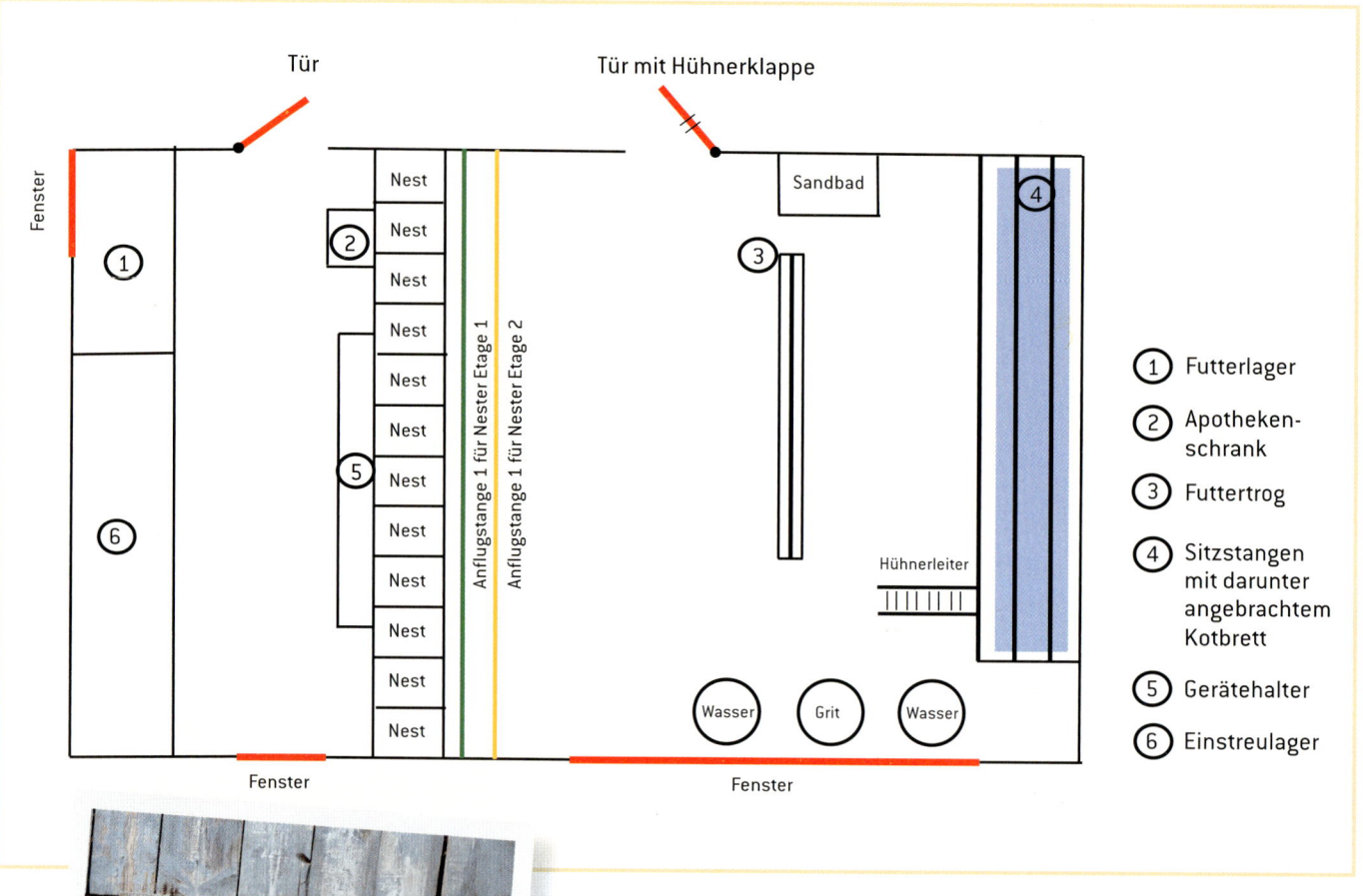

Tür

Tür mit Hühnerklappe

Fenster

Nest
Nest
Nest
Nest
Nest
Nest
Nest
Nest
Nest
Nest
Nest
Nest

Anflugstange 1 für Nester Etage 1

Anflugstange 1 für Nester Etage 2

Sandbad

Hühnerleiter

Wasser   Grit   Wasser

Fenster

Fenster

1 Futterlager

2 Apotheken-
schrank

3 Futtertrog

4 Sitzstangen
mit darunter
angebrachtem
Kotbrett

5 Gerätehalter

6 Einstreulager

Musterhafter Hühnerstall mit angrenzendem Wirtschaftsraum und Einstreulager

Über eine verschließbare Öffnung können die Hühner den Stall tagsüber nach Belieben verlassen.

Voraussetzung für ein gutes Stallklima zu schaffen. Dabei muss die Belüftung stets so erfolgen, dass keine Zugluft im Stallinneren entsteht, auf die Hühner sehr empfindlich reagieren. Damit man immer Kenntnis von der Stalltemperatur hat und bedarfsweise regulierend eingreifen kann, sollten zwei Thermometer – eins im Stall und eins an der Außenwand – angebracht werden.

Falls eine Elektroinstallation im Stall (neu) durchgeführt wird, sollte man zweckmäßigerweise mindestens ein oder zwei Steckdosen planen und so anbringen, dass die Hühner nicht daran herumspielen können.

Durch eine Tür mit eingebauter Hühnerklappe oder eine verschließbare Ausstiegsöffnung in einer Wand (an die sich außen eine Hühnerleiter anschließt) wird der Stall komplettiert. Diese Hühnerklappe beziehungsweise der Ausstieg über die Hühnerleiter ermöglicht es den Tieren, das Gebäude tagsüber nach Belieben zu verlassen beziehungsweise zu betreten, beispielsweise um an die Legenester zu gelangen.

Stallfläche und Einrichtungsgegenstände	Größen und Maße
Stallfläche	bei größeren Rassen mindestens 0,4 m² pro Huhn; Zwergrassen: 0,3 m²
Auslauffläche in der (Winter-)Voliere	bei größeren Rassen mindestens 3 m² pro Huhn; Zwergrassen: 1,5 m²
Auslauffläche im Garten (wenn die Grasnarbe ein wenig geschont werden soll)	bei größeren Rassen mindestens 20 m² pro Huhn; Zwergrassen: 10 m²
laufende Meter Sitzstange	pro Huhn mindestens 25–30 cm, Zwergrassen: 20 cm
Abstände der Sitzstangen untereinander	45 cm; Zwergrassen: 35 cm
Durchmesser der Sitzstangen (Material: vorzugsweise weitgehend bruchsicheres Eschenholz)	für schwere Rassen mindestens 5 cm, für leichtere mindestens 4 cm
Maße Nestbox (Breite, Höhe, Tiefe)	35 x 40 x 40 cm; Zwergrassen: 30 x 35 x 35 cm
Thermometer	Die Vorzugstemperatur im Stall sollte zwischen 10–20 °C liegen, wobei Hühner im Sommer auch keine Probleme haben, wenn die Temperatur an manchen Tagen auf 30 °C ansteigt
Sandkiste (Breite, Höhe, Tiefe)	100 x 60 x 25 cm

Eine Hühnerleiter ermöglicht einen bequemen Zugang zum Stall.

Für die Bewirtschaftung des Stalls ist es ein Vorteil, wenn der Stall über einen Nebenraum verfügt, der sich nicht nur als Futterlager und -küche, sondern auch zur Deponierung von Einstreumaterialien und Geräten nutzen lässt. In diesem Raum kann man einen kleinen Apothekenkasten an der Wand anbringen, in dem man einige Medikamente (zum Beispiel Puder gegen Ektoparasiten wie Federlinge) aufbewahrt.

Die Grundfläche des Stalls sowie der Ausläufe und die Eckdaten für diverse Einrichtungsgegenstände richten sich nach der Anzahl und der Größe der Hühner, die man halten möchte. Die wichtigsten davon sind in der nebenstehenden Tabelle zusammengefasst.

Die Nestboxen sollten sich mindestens 50 cm über dem Boden befinden.

Die Legeboxen werden rund 50 cm über dem Boden batterieartig angebracht. Um eine problemloses Erreichen der Nester zu gewährleisten, ist es ratsam, zwei bis drei stufenartig versetzte Anflugstangen zu installieren, deren Abstand untereinander 20 cm beträgt. Um den Innenraum kleinerer Ställe optimal zu nutzen, lassen sich auch zwei Nesterbatterien etagenartig übereinander anordnen.

Zur Grundausstattung des Stalls gehört eine (oder mehrere) Sitzstange, die einen etwas abgerundeten, jedoch nicht vollrunden Querschnitt hat. Auf diese ziehen sich die Hühner zum Schlafen zurück. Günstig ist es, wenn diese Stange(n) auf seitlich angebrachten Arretierungen ruht und man sie zu Reinigungszwecken herausnehmen kann. Die Sitzstange ist mit einer Hühnerleiter verbunden, über welche die Hühner hinaufgelangen. Damit die Einstreu langsamer verschmutzt, sollte man außerdem unter der Sitzstange ein 40 cm breites Kotbrett anbringen.

Eine Sandkiste dient bei schlechtem Wetter und in den Wintermonaten als Sandbad. Sie wird bis 10 cm unter den Rand mit einem Gemisch aus feinen, chemikalienfreien Sand und zerriebener Holzkohle (Verhältnis 30:1) befüllt und am besten in eine Ecke des Raums gestellt. Bei den Sandbädern in dieser Kiste wirkt der Holzkohlenstaub desinfizierend. Ein Futtertrog und eine Tränke vervollständigen das

Stallinventar. Viele Hühnerhalter platzieren sowohl den Futtertrog, als auch die Tränke nicht direkt auf der Einstreu, sondern auf 10 bis 15 cm erhöhten Podesten. Auf diese Weise wollen sie vermeiden, dass Futter und Wasser verschmutzt werden, wenn die Hühner heftig in der Einstreu scharren.

Als Einstreu für den Hühnerstall hat sich eine dicke Schicht aus klein gehäckseltem Stroh oder nicht zu groben Hobelspänen gut bewährt. Dagegen sind Sägespäne weniger geeignet, weil die Hühner beim Scharren kleinste Partikel aufwirbeln und einatmen, wodurch Atemwegserkrankungen entstehen können.

Zur Nachtruhe ziehen sich Hühner gern auf Sitzstangen zurück.

Es ist zweckmäßig, unter den Sitzstangen ein Kotbrett anzubringen, um Verschmutzungen der Einstreu zu vermeiden.

Tipp zu den Hobelspänen

Anders als seinen Hühnern sollte es dem Geflügelhalter nicht egal sein, von welchem Holz die als Einstreu verwendeten Hobelspäne stammen. Vor allem dann nicht, wenn der Stallmist als Dünger im Garten eingegraben wird. Für diesen Zweck eignen sich die Späne von stark gerbsäurehaltigen Baumarten, wie etwa Eiche und Erle, wesentlich schlechter als beispielsweise die Späne von Weide- und Linde. Im Unterschied zu den beiden letztgenannten Holzarten tragen nämlich die Späne von stark gerbsäurehaltigen Baumarten nicht nur zu einer Versauerung des Bodens bei, sondern verrotten auch bedeutend langsamer.

Als Einstreu eignen sich zerkleinertes Stroh (o.) und Hobelspäne (u.) sehr gut.

Rechte Seite: Eine überdachte Voliere bietet eine gute Voraussetzung, die Hühner auch bei ungünstigem Wetter ins Freiland zu lassen.

Der Auslauf

Ein Auslauf für Hühner kann mitunter verhältnismäßig klein, aber eigentlich nie zu groß sein. Als nahezu ideale Ausläufe haben sich Grünlandflächen erwiesen, weil die Hühner darauf auch frische pflanzliche Nahrung finden. Allerdings besteht immer das Problem, dass die Hühner die Grünlandnarbe durch häufiges Herumscharren stark strapazieren. Dabei handelt es sich keinesfalls um irgendwelche zerstörerischen Absichten, sondern das Scharren im Boden gehört zu den natürlichen Verhaltensweisen der Hühner.

Man kann jedoch einige Vorkehrung treffen, um die Graslandnarbe etwas zu schonen und ihr Zeit zur teilweisen Regeneration geben. Diesbezüglich besteht die Möglichkeit, einen größeren Auslauf durch Zäune mit eingebauten Türen so in zwei Bereiche zu parzellieren, dass jeweils nur einer für die Hühner zugänglich ist. In dieses Absperrsystem sollte man zweckmäßigerweise auch gleich eine überdachte Voliere integrieren. Diese dient als Winterauslauf, wenn entweder eine hohe Schneedecke vorhanden ist oder die Grünfläche durch andauernde Niederschläge extrem aufgeweicht wurde.

Folgende Seite:
Futter- und Tränknapf im Auslauf

Dieses Beispiel zeigt, wie artgerechte Hühnerhaltung im Garten aussehen kann: mit Stall, überdachter Voliere, Auslauf und Futter- und Tränkstellen, Sandbad sowie Komposter zum Scharren.

Eine hervorragende Scharrmöglichkeit stellt ein im Auslauf befindlicher Komposter dar, dessen Seitenwände aus Stangen, Brettern oder Metallgitterelementen bestehen. Dabei gilt, je größer dieser Komposter ist, desto günstiger erweist er sich als Scharrfläche für die Hühner, die darin vor allem nach tierischen Nahrungskomponenten, wie Würmern, Insektenlarven und kleinen Nachtschnecken suchen. Um zu vermeiden, dass die Hühner beim Scharren viel von dem Inhalt herauswerfen, sollte man den Komposter nur bis etwa 30 cm unter den Rand befüllen. Das Scharren erweist sich auch als Vorteil für das zur Kompostierung angesetzte Material, weil es dabei durchmischt und gut belüftet wird. Man sollte es jedoch unbedingt vermeiden, gekochte Küchenabfälle sowie Fisch- und Fleischreste in den Komposter zu werfen, weil dadurch zuweilen Schadnager angelockt werden.

Hühner scharren gern und viel im Boden. Das ist eine ihrer natürlichen Verhaltensweisen.

Rechte Seite: Durch das Scharren kommt es mitunter zu stellenweisen Verlusten der Grasnarbe, wie links im Bild.

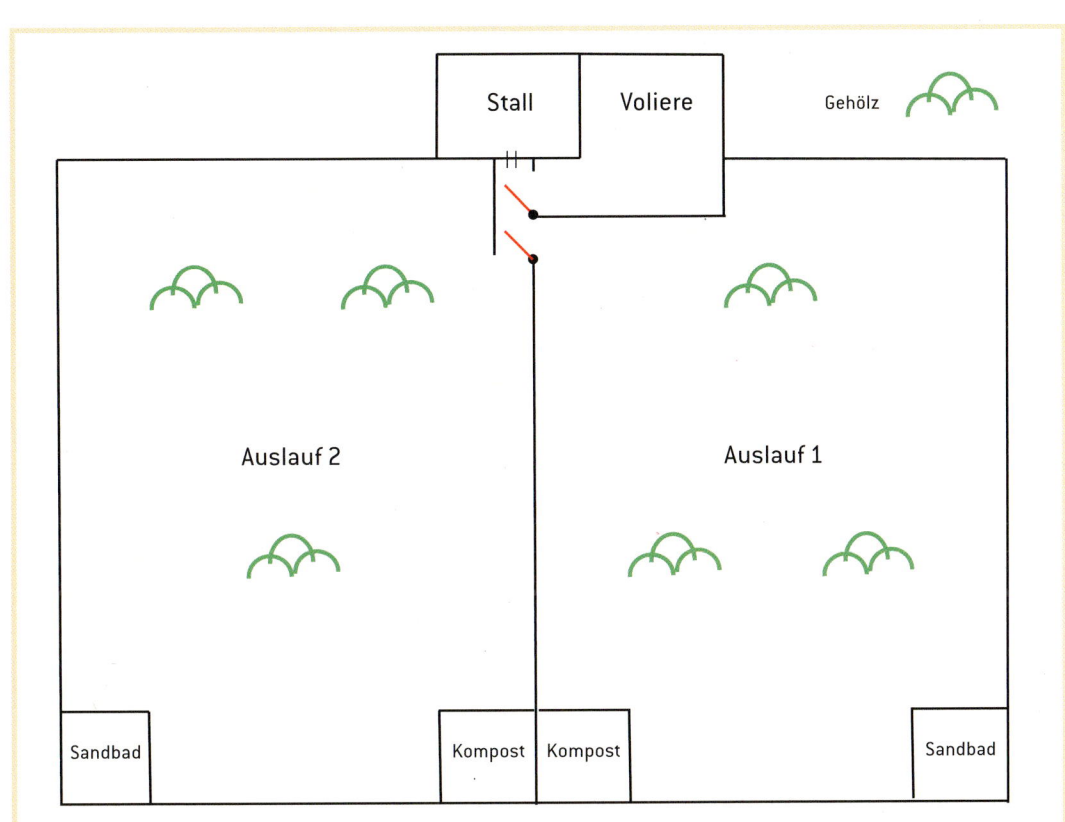

Stall	Voliere	Gehölz

Auslauf 2

Auslauf 1

Sandbad

Kompost | Kompost

Sandbad

Beispiel, wie sich ein Auslauf durch ein Zaun-Türen-System in zwei Bereiche unterteilen lässt

Falls die regelmäßige Fütterung im Auslauf erfolgt, sollten dazu stets artgerechte Näpfe oder Tröge verwendet werden, die sich leicht und gründlich reinigen lassen.

Des Weiteren hat es sich als sehr günstig erwiesen, wenn sich im Auslauf einige Gehölze befinden. Dabei sollte es sich allerdings nicht um kleine, empfindliche Ziergehölze oder Beerenobststräu-

Linke Seite: Hochstämmige Obst- sowie Laubbäume spenden Schatten und werden von den Hühnern fast nie behelligt.

Ein solcher aus Brettern bestehender Komposter eignet sich gut als Scharrkiste in einem Auslauf.

Freilandhaltung im Winter

Auch wenn keine überdachte Voliere vorhanden ist, sollte man die Hühner möglichst nicht während des gesamten Winters im Stall halten, sondern sie bei günstiger Witterung stundenweise nach draußen lassen. Derartige Aufenthalte im Freiland, die sich positiv auf die Gesundheit und Agilität auswirken, sind sogar bei Minusgraden möglich. Bei stärkerem Frost sollte man jedoch bei Rassen mit großflächigen Gesichtsanhängen zuvor die Kämme und Kehllappen mit Vaseline eincremen. Die Vaseline schützt diese sensiblen Körperteile vor Erfrierungen. Bei einer hohen geschlossenen Schneedecke sowie bei winterlichem Regen oder Schneefall ist es dagegen nicht sinnvoll, die Hühner in den Auslauf zu schicken. Zum einen durchnässt dann ihr Gefieder sehr stark und zum anderen fühlen sie sich bei derartigen Außenbedingungen nicht richtig wohl.

Bei günstiger Witterung sollte man die Hühner auch im Winter ins Freiland lassen.

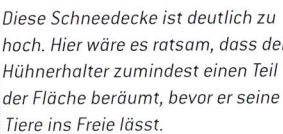

Diese Schneedecke ist deutlich zu hoch. Hier wäre es ratsam, dass der Hühnerhalter zumindest einen Teil der Fläche beräumt, bevor er seine Tiere ins Freie lässt.

In großen Ausläufen mit geringem Hühnerbesatz wird die Grünlandnarbe besser geschont.

Zusätzlich ist es möglich, einige Büsche und Sträucher im Auslauf zu pflanzen. Gemeine Haselnuss, Schwarzer Holunder und Weidenbüsche haben sich als äußerst robust erwiesen und zeigen außerdem eine enorme Regenerationsfähigkeit, falls sich die Hühner doch einmal zu stark an ihnen zu schaffen machen.

Zu den wichtigsten Formen der Körperhygiene zählen ausgiebige Sand- oder Staubbäder für die Hühner. Hierfür scharren sie kleine Kuhlen in den Boden, in die sie sich anschließend hineinhocken. Sie werfen sich dann auch häufig feinste Sandteilchen in ihr Gefieder, wodurch so mancher Außenparasit abgetötet wird oder zumindest die Flucht ergreift. Um dieses natürlichen Hygienebedürfnis zu unterstützen, gehört in jeden Auslauf ein Sandbadbereich. Dieser sollte für 15 bis 20 Hühner eine Abmessung von 2 x 3 m haben. Am besten hebt man eine 30 cm tiefe Grube aus und platziert dabei an den Ecken jeweils einen etwa 1,50 m hohen Pfosten. Danach füllt man die Grube mit feinem Sand und errichtet auf den Pfosten eine einfache Flachdachkonstruktion, die beispielsweise aus transparenten Plastikplatten bestehen kann, welche die Fläche vor Regen schützen.

cher handeln, weil diese von vielen Hühnerrassen oft bis zur Unkenntlichkeit malträtiert werden. Ebenso sind Gehölze mit giftigen Blättern, Rinden und/oder Früchten, wie etwa Eiben, zur Begrünung des Auslaufs ungeeignet. Dagegen haben sich hochstämmige Obst- oder Laubbäume gut bewährt, weil sie von den Hühnern auch kaum behelligt werden. Im Gegenteil, an sehr heißen Tagen ziehen sich die Hühner zum Ruhen sogar manchmal unter diese Bäume beziehungsweise in deren Schatten zurück.

Schwarzer Holunder (l.) sowie Gemeine Hasel (u.) sind äußerst robust und zeichnen sich durch eine hohe Regenrationsfähigkeit aus.

Die Einfriedung

D er Einfriedung des Auslaufs kommen zwei wesentliche Funktionen zu. Sie stellt einerseits einen Schutz dar, damit die Hühner nicht gestohlen oder zu Beute von Raubwild und streunenden Hunden werden. Zum anderen soll sie verhindern, dass die Hühner davonlaufen beziehungsweise -fliegen. Als Materialien für die Einfriedung haben sich Maschendrahtzäune und/oder Zaunfelder aus Holzlatten sehr gut bewährt. Diese sollten möglich nur 1 bis 3 cm über den Erdboden enden. Derartige Zäune werden an Pfosten befestigt, die man in Abständen von maximal 3 bis 4 m aufstellt.

Bei Ausläufen, die sich in Ortsrandlagen oder in der Nähe von Wäldern befinden, ist es besonders günstig (aber auch sehr kostenintensiv), wenn sich direkt unter dem Zaun eine etwa 40 cm tief in den Boden eingelassene Betonkante befindet. Diese verhindert, dass sich Füchse unter dem Zaun hindurchgraben.

Wie hoch die Zäune zu bemessen sind, hängt von der Neigung zum Fliegen ab, welche die Jung- (l.) und Althühner (r.) der jeweils gehaltenen Rasse zeigen.

Die Höhe des Zauns hängt primär davon ab, welche Hühnerrassen man halten möchte. Dabei gilt die Faustregel: Je schwerer das Huhn, desto geringer sind seine Flugneigung und sein Flugvermögen. So genügen für schlechte Flieger gewöhnlich schon Zaunhöhen von 1,10 bis 1,30 m, während man für Meisterflieger auf jeden Fall 1,80 bis 2,50 m veranschlagen sollte.

Einfriedungen aus Maschendraht (u.) sind bei der Hühnerhaltung sehr gebräuchlich. Auch Lattenzäune (l.), wie der im Hintergrund sichtbare, eignen sich gut als Einfriedung.

Netzzäune

Die meisten Hühnerhalter lehnen Netzzäune ab, auch als nur temporäre Einfriedungen. Ein solcher Zaun kann relativ leicht umkippen und dann ist es mitunter eine sehr zeitaufwendige Arbeit, die entwichenen Hühner zu suchen und wieder einzufangen. Ein weiteres Problem besteht darin, dass sich Hühner mit ihren Füßen in derartigen Zäunen verfangen können. Wenn es ihnen nicht gelingt, sich schnell wieder zu befreien, geraten sie in Panik und stressen nicht nur sich, sondern auch ihre Artgenossen.

Zu den Arten, die sich gut mit Hühner vergesellschaften lassen, gehören Gänse (M.), Enten (u.) und Flugenten (o.).

Gemeinsame Haltung mit anderen Nutztieren?

Hühner sollten möglich nicht mit anderen Nutztieren in einem Stall gehalten werden, es sei denn, dass dieser in Bereiche unterteilt ist, welche für die anderen Arten unzugänglich sind. Dadurch vermeidet man unter anderem, dass diese Tiere Futter fressen oder verschmutzen, welches nicht für sie bestimmt war. Außerdem sind viele Ställe recht beengt und die Tiere würden sich des Öfteren gegenseitig stören, was wiederum Stress auslösen und Leistungsminderungen hervorrufen kann. Dagegen ist gegen eine gemeinsame Nutzung des Auslaufs nichts einzuwenden, vorausgesetzt, dieser bietet so viel Fläche, dass sich die Tiere im

Bedarfsfall auch einmal aus dem Weg gehen können. Diesbezüglich hat es sich als vorteilhaft erwiesen, wenn sich im Auslauf Sträucher und Bäume befinden, die als Sichtbarrieren fungieren. Hinter beziehungsweise zwischen diesen Gehölzen finden die Tiere dann häufig Rückzugs- sowie Ruhebereiche.

Zu den Arten, die sich gut mit Hühnern vergesellschaften lassen, gehören Schafe, Ziegen, Gänse, Enten sowie Flugenten. Bei einer gemeinsamen Haltung mit Gänsen, Enten und/oder Flugenten ist es allerdings ratsam, keine offenen Tränkbecken beziehungsweise keinen Tränktrog zu verwenden, denn die Behältnisse werden vom Wassergeflügel auch gern als Badewanne genutzt. Dabei verschmutzen sie das Tränkwasser oft sehr stark, sodass es anschließend keinen hygienisch einwandfreien Zustand mehr aufweist. Hinzu kommt, dass auf diese Weise schnell Krankheitserreger, wie etwa Salmonellen, übertragen werden.

Bei gemeinsamer Haltung mit Schafen oder Ziegen sollte der Futtertrog für die Hühner auf jeden Fall im Stall aufgestellt sein. Bei Ziegen und Schafen steht nämlich insbesondere das Körnerfutter sehr hoch im Kurs und sie hätten keine Hemmungen, den für die Hühner bestimmten Futtertrog zu leeren.

Es ist auch durchaus möglich, dass Hühner einen Auslauf gemeinsam mit Schafen und Ziegen nutzen.

Auch wenn es im ersten Moment recht spaßig anmutet, sollte die Entenküken die Tränke der Hühner nicht als Bademöglichkeit nutzen.

Abwehr von Raubwild und Schutz vor Greifvögeln

Unter den einheimischen Raubtieren sowie Greif- und Rabenvögeln gibt es einige Arten, die Hausgeflügel nicht als Beute verschmähen. Zu diesen Räubern gehören auch Füchse. Vor allem wenn die Fähen die Mäuler ihrer hungrigen Welpen stopfen müssen, sehen sie ein Loch in der Einfriedung als willkommene Einladung an, um rasch einmal ein Huhn zu stehlen. Verschließt man nicht schnell das Loch, findet sich der Fuchs bald wieder ein und bedient sich erneut an den Hühnern.

Falls man ein Grundstück am Ortsrand oder in der Nähe eines Waldes besitzt, ist es empfehlenswert, die Einfriedung täglich zu kontrollieren. Dabei sollte man das Augenmerk nicht nur auf die Unversehrtheit des Zaunes richten, sondern auch auf ein eventuelles Loch, das der Fuchs als Durchschlupf gegraben hat. Selbstverständlich ist ein solches Loch sofort wieder zu schließen. Außerdem schwören manche Geflügelhalter darauf, unter derartigen Bedingungen an der Außenseite des Zaunes sofort frischen Hundeurin und/oder -kot zu verteilen, dessen Geruch den Fuchs abschreckt.

Fuchs mit erbeutetem Huhn

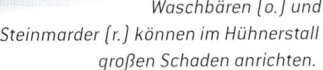

Waschbären (o.) und Steinmarder (r.) können im Hühnerstall großen Schaden anrichten.

Marder und Waschbären nutzen oft eine abends nicht richtig verschlossene Stalltür, eine offen gelassene Hühnerklappe oder eine sonstige Zugangsmöglichkeit in den Stall, um im Hühnerbestand großen Schaden anzurichten. Deshalb sollte man jeden Abend genau nachschauen, dass der Stall keine Öffnungen mehr aufweist, die es nächtlichen Räubern gestatten sich hindurchzuzwängen.

Im Auslauf können vor allem Habichte für die erwachsenen Hühner sowie kleine Greif- und Rabenvögel zur Gefahr für Junghühner und Küken werden. Um diese Vögel abzuwehren, kann man kleinere Ausläufe mit grobmaschigen Netzen überspannen. In größeren Ausläufen ist das leider nicht möglich. Aber falls gerade Küken- beziehungsweise Junghühnerzeit ist, besteht zumindest die Möglichkeit, für diese besonders gefährdeten Jungtiere einen kleineren Bereich des Auslaufs abzuteilen und mit einem Netz zu überspannen.

Hühner gehören zur begehrten Beute des Habichts.

Die zu den Rabenvögeln gehörende Elster stellt für Küken eine Gefahr dar.

Bestandserneuerung

Im Kapitel „Legeleistung und Legebereitschaft" wurde bereits erläutert, dass die Anzahl der pro Henne produzierten Eier ab der dritten Legeperiode stark rückläufig ist. Um dieses Einknicken in der Eiproduktion zu vermeiden, führen die meisten Geflügelhalter regelmäßige Bestandserneuerungen durch. Sie beginnen die Hühner zu schlachten, sobald deren zweite Legeperiode vorbei ist, und ersetzen sie anschließend durch neue Küken/Junghühner. Letztere können entweder von einer eigenen Glucke stammen oder die betreffenden Exemplare werden zugekauft.

In der Praxis erfolgen turnusmäßige Bestandserneuerungen oft in der Weise, dass viele Geflügelfreunde zwei ständig voneinander getrennte Hühnerscharen (von denen die eine ein- und die andere zweijährig ist) halten. Das birgt den Vorteil, dass man keine Jungtiere in eine bestehende Schar setzen muss und dadurch Unruhe entsteht. Stattdessen erfolgen die Unterbringung und weitere Pflege der Neulinge in einem separaten Stall und einem ebensolchen Auslauf. Die Neulinge raufen sich dann zumeist sehr schnell als Schar zusammen.

Bei dieser Methode der Bestanderneuerung müssen die Halter im folgenden Jahr nicht erst überlegen, welche Exemplare die ein- und welche die zweijährigen sind. Vielmehr können sie letztere innerhalb eines sehr kurzen Zeitraums ausstallen und danach erneut eine Komplettierung des Bestands durch Jungtiere vornehmen.

Die Stall- und Auslaufgestaltung lässt sich für zwei separate Hühnerscharen zum Beispiel wie in der nebenstehenden Zeichnung optimieren.

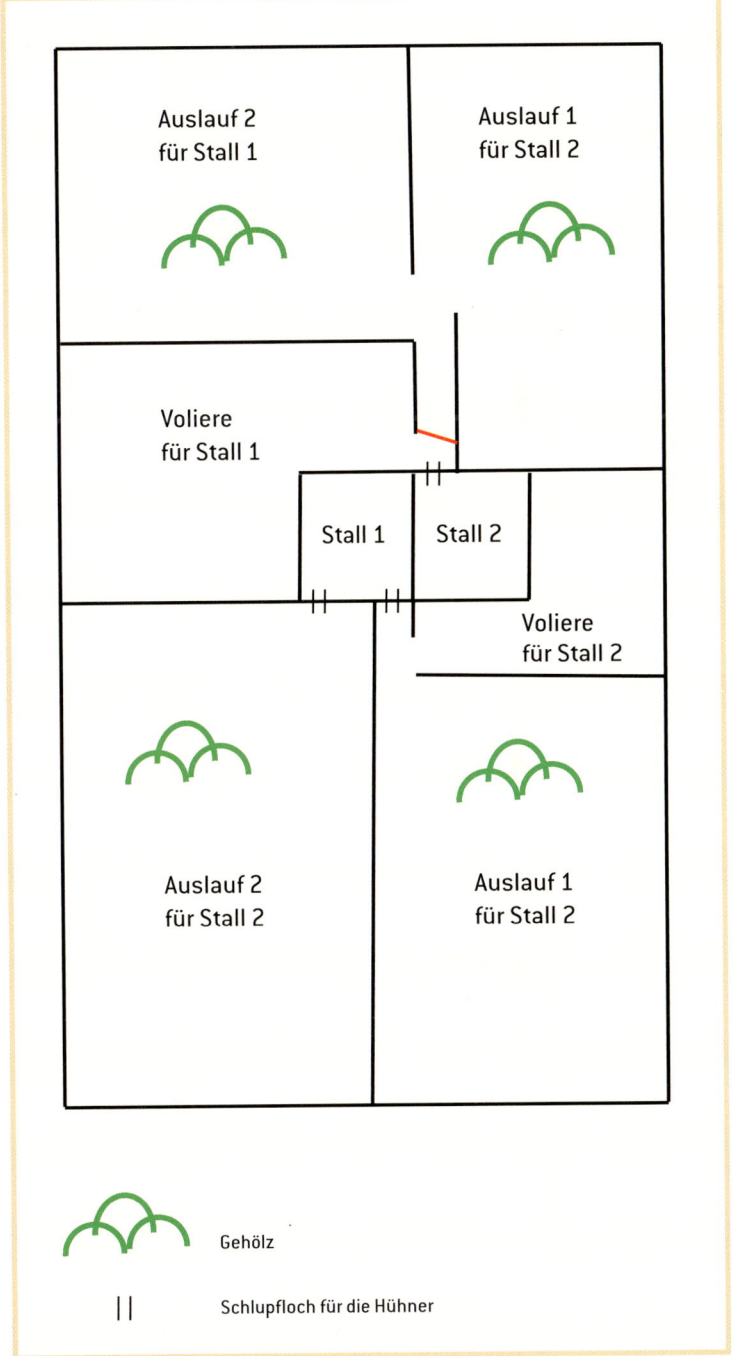

Beispiel mit separaten Stallbereichen und jeweils eigenen Ausläufen sowie Volieren für zwei Hühnerscharen.

Linke Seite: In einer Voliere ist der Bestand vor Raubwild und Greifvögeln geschützt.

Beurteilung von Hühnern und Eiern

Augen auf beim Hühnerkauf

Beim Kauf von Junggeflügel sollte auch darauf ge-
achtet werden, dass die Tiere einen gut genährten
Eindruck hinterlassen.

Die Gefiederfärbung der
Küken ist zwar häufig,
aber nicht immer gelblich.

So gibt es auch zahlreiche Exemplare mit
bräunlichen und schwärzlichen Daunen.

I n vielen Regionen reisen im Frühjahr flie-
gende Händler umher, die Küken und/oder
Junghühner zum Kauf anbieten. Diesen
Service nutzen zahlreiche Geflügelhalter
gern, weil sie die Tiere quasi vor die Haustür
geliefert bekommen. Neulinge sind dann mitunter über die vielfältigen Daunenfärbungen
der Küken erstaunt. Im Prinzip verrät diese
Färbung, bei der zumeist gelbe, bräunliche
oder schwärzliche Töne vorherrschen, schon
ein wenig, wie das Gefieder später bei den
erwachsenen Exemplaren aussehen wird.

Unabhängig davon, ob man seine Küken oder Junghühner von einem fliegenden Händler oder anderwei-
tig bezieht, sollte ein solcher Kauf nie unter Zeitdruck
erfolgen. Stattdessen ist es ratsam, die Tiere
zunächst einmal in aller Ruhe zu betrachten. Diese
müssen einen gesunden, agilen Eindruck hinterlassen. Außerdem sollte ihr Gefieder komplett vorhanden
sein und keine verkrusteten Schmutzansammlungen
aufweisen, welche oftmals auf Unsauberkeiten im
bisherigen Stall hindeuten.

Es ist auch nicht empfehlenswert, Küken/Junghühner
zu erwerben, die Geschwüre, Verkrüppelungen oder
(offene) Wunden haben beziehungsweise sich apa-
thisch verhalten. Das bedeutet nicht, dass man auf
Küken verzichten sollte, wenn sie sich in der Verkaufskiste nur dicht zusammendrängen. Diese kleinen
Kerlchen stehen unter großem Stress und haben
lediglich Angst.

Des Weiteren gilt es darauf zu achten, dass die Tiere
einen gut genährten Eindruck machen, denn falls
viele Exemplare abgemagert wirken, ist das manchmal ein Indiz für eine (beginnende) Krankheit. Generell sollte man sich für die am kräftigsten entwickelten Tiere entscheiden und darauf bestehen, dass man
auch genau die Exemplare erhält, die man sich ausge-
sucht hat, und nicht diejenigen, die der Händler zufällig aus seiner Verkaufskiste nimmt.
In diesem Zusammenhang noch ein
Hinweis zu einem neu zu erwerbenden
Zuchthahn, den man zumeist nicht
von einem fliegenden Händler, sondern bei einen Züchter kauft: Für den
Kauf gelten zunächst einmal die
gleichen Kriterien wie beim Erwerb
von Küken. Darüber hinaus muss ein
solcher Hahn mit rassetypischen
Merkmalen und Verhaltensweisen
beeindrucken, wie etwa mit einem
breit aufgestellten, sichelförmigen
Schwanzgefieder und/oder einer
stolzen Körperhaltung, bei der er
die Brust weit vorstreckt.

Zum Verkauf angebotene Küken verschiedener Rassen

Die Erfahrungen „alter Hasen" nutzen

*Wer beabsichtigt, erstmalig Küken/Junghüh-
ner zu erwerben, sollte sich nicht scheuen,
einen erfahrenen Geflügelhalter um Hilfe zu
bitten. Aufgrund seiner
langjährigen Erfahrung hat
er oft einen Blick für die
besten Tiere und wird vielleicht noch einige sachdien-
liche Tipps geben, die dem
Anfänger bei künftigen
Beurteilungen von Hühnern
helfen.*

Das Ei, ein Meisterwerk der Natur

Es ist nicht möglich, ein unbeschädigtes Ei zwischen Daumen und Zeigefinger zu zerdrücken.

Die meisten Geflügelbesitzer halten ihre Hühner deshalb, damit ihnen ständig frische Eier zur Verfügung stehen. Bei jedem Ei handelt es sich um ein kleines Meisterwerk der Natur. Beispielsweise ist es erstaunlich, welchen enormen Flächendruck Eier aushalten. Man braucht nur einmal ein rohes Ei an seinen beiden Enden zwischen Daumen und Zeigefinger nehmen und versuchen, es unter dem Einsatz aller Kraft zu zerdrücken. Das ist nicht möglich. Stattdessen hält das Ei diesem Druck locker stand.

Jedes Ei besteht im Wesentlichen aus Schale, Dotter und Eiklar (letzteres wird, wenn auch nicht ganz korrekt, umgangssprachlich fast nur als Eiweiß bezeichnet). Das mengenmäßige Verhältnis zwischen diesen drei Bestandteilen beträgt etwa 10:30:60.

Die vorwiegend aus Kalk bestehende Schale stellt in erster Line einen mechanischen und thermischen Schutz für das Ei dar. Ihre innere Wandung ist von einer dünnen Eihaut überzogen. Unter dem stumpfen Ende befindet sich die Luftkammer, welche den Embryo während seiner letzten Entwicklungsphase mit Atemluft versorgt.

Die Färbung der Schale, die von weiß über cremefarben, gelblich, hell-türkis bis zu unterschiedlichen Brauntönen variieren kann, ist rassenabhängig und stellt kein Kriterium für die Qualität des Eies dar. Dadurch wird auch der Geschmack des Eies nicht beeinflusst.

Linke Seite: Je nach Hühnerrasse ist der Bruttrieb verschieden stark ausgeprägt.

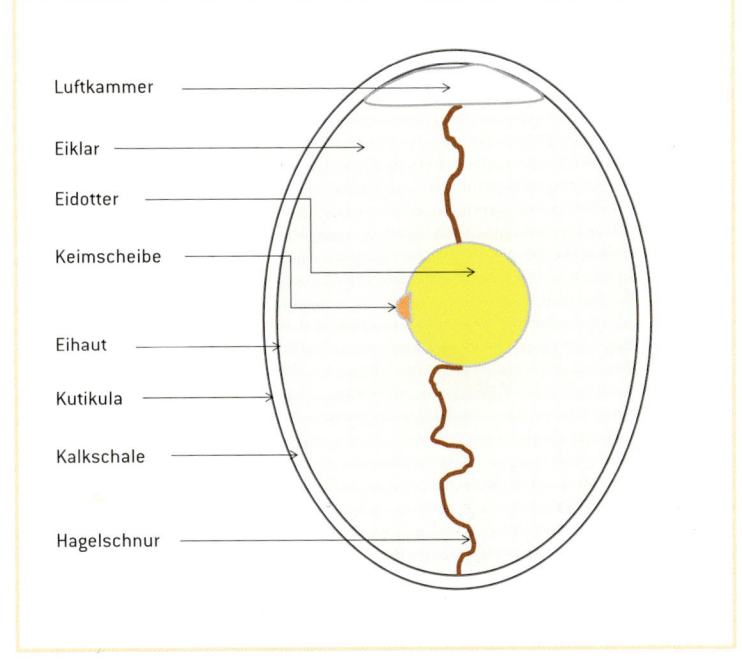

Luftkammer

Eiklar

Eidotter

Keimscheibe

Eihaut

Kutikula

Kalkschale

Hagelschnur

Schematischer Querschnitt durch ein Hühnerei

Die Färbung der Eischale reicht von Reinweiß über gelbliche und hellbräunliche Farbtöne bis Braun.

Manche Hühnerrassen legen sogar helltürkisfarbene Eier.

Um die äußere Schale ist eine Schutzschicht, die Kutikula, gelagert. Es handelt sich dabei um eine mit dem bloßen Auge nicht wahrnehmbare Struktur, welche das Ei lange Zeit vor Keimen und Bakterien schützt, die zum Eindringen bereit sind. Durch länge Sonneneinstrahlung, eine ständig zu hohe Luftfeuchtigkeit und häufig stark wechselnde Temperaturen geht diese Wirkung jedoch allmählich verloren. Dage-

gen bleibt diese Schutzfunktion bei gleichmäßigen kühlen Umweltbedingungen, beispielsweise bei der Lagerung im Kühlschrank, deutlich länger erhalten.

Im Zentrum des Eies findet sich der kugelförmige Dotter, der eine Art Depot darstellt, das mit Nährstoffen und Vitaminen gefüllt ist. Damit der Dotter nicht im Ei zerläuft, umgibt ihn ein dünnes, als Dottermembran bezeichnetes Häutchen. Einen kleinen Bereich des Eis nimmt die Keimscheibe ein, wo nach der Befruchtung die Entwicklung des Embryos beginnt. Zwei Hagelschnüre fixieren den Dotter in seiner zentralen Position. Damit kommt ihnen eine besonders wichtige Funktion bei der Entwicklung eines Embryos zu, weil sie verhindern, dass dieser an der inneren Eischale festklebt und stirbt.

Die Farbe des Eidotters, der nach den Wünschen der meisten Verbraucher sattgelb bis orangegelb sein sollte, wird durch die Fütterung bestimmt. Wenn die Nahrungskomponenten der Hühner viele Karotinoide (das sind natürliche Farbstoffe, die gelbe bis rötliche Farbtöne verursachen) enthalten, bekommen die Dotter dadurch eine kräftigere Färbung. Zu den karotinoidreichen Futtermitteln gehören beispielsweise Maiskörner und Möhrenschnitzel. Ähnlich wie die Färbung der Eischale hat allerdings auch die Intensität der Dotterfärbung keinen Einfluss auf den Geschmack der Eier.

Der Dotter ist allseitig in Eiklar eingebettet. Dieses besteht zu etwa 90 Prozent aus Wasser und zu 10 Prozent aus Eiweißverbindungen. Das Eiklar hat genau wie das Eioberflächenhäutchen eine bakterienhemmende Wirkung. Außerdem fungiert es wie eine Art Wasserbett für den sich entwickelnden Embryo. Durch seine gallertige Konsistenz federt das Eiklar hervorragend Stöße ab, die auf das Ei einwirken.

Faustregel zur Schalenfärbung

Als grobe Faustregel kann man sich merken, dass Hühnerrassen mit weißen Ohrscheiben vorwiegend weißschalige Eier legen. Dagegen haben die Eier von Hühnern mit roten Ohrscheiben zumeist eine bräunliche Färbung.

Die meisten Hühnerhalter lesen ein- bis zweimal pro Tag die Eier aus den Nestern ab, wodurch sie die Gewissheit haben, dass diese absolut frisch sind.

Auch wenn es mitunter anders behauptet wird, hat die Intensität der Dotterfärbung keinen Einfluss auf den Geschmack der Eier.

Eier, die senkrecht in einem Behälter mit kaltem Wasser stehen, sind schon ziemlich alt.

Entdeckt der Halter durch Zufall ein solches Nest, weiß er nicht, wie alt die Eier sind und ob sie noch als Nahrungsmittel taugen. Um den Frischegrad von Eiern aus „illegalen Nestern" zu ermitteln, muss man sie nur in ein mit kaltem Wasser gefülltes Glasgefäß geben. Sinken die Eier zum Boden des Gefäßes und bleiben dort liegen, sind sie sehr frisch. Dagegen haben sich in Eiern, die etwa sieben Tage alt sind, inzwischen größere Luftkammern gebildet. Diese bewirken, dass sich die stumpfen Enden der Eier im Wasser ein wenig anheben. In zwei bis drei Wochen alten Eiern haben sich die Luftkammern noch mehr vergrößert. Dadurch stehen diese Eier, das stumpfe Ende nach oben gerichtet, senkrecht am Boden des Glases. Eier, die noch älter sind, steigen zur sogar Wasseroberfläche auf und sollten nicht mehr für Nahrungszwecke genutzt werden.

Manchmal passiert es, dass Hühner ihre Eier in einem „illegalen Nest" ablegen, welches sie beispielsweise zwischen dichten Sträuchern im Freiland gebaut haben.

Weitere Methoden zur Ermittlung des Frischegrades

Eine weitere Methode zur Frischermittlung besteht darin, das Ei leicht zu schütteln. Hört man dabei nichts, ist das Ei frisch. Ertönen jedoch aufgrund der vergrößerten Luftkammern gluckernde Geräusche, ist das Ei schon älter, ohne dass sich aber das genaue Alter ermitteln lässt.

An einem aufgeschlagenen rohen Ei, das auf einen flachen Teller gegeben wird, lässt sich anhand des Dotters feststellen, ob es noch frisch ist. Weist der Dotter eine deutliche Wölbung auf, handelt es sich um ein sehr frisches Ei. Bei einem alten Ei ist der Dotter dagegen stark abgeflacht und außerdem sieht dann das Eiklar wässrig aus.

Ein „illegales Nest" mit brütender Henne im Freiland

Krankheiten – Vorbeugung, Erkennung und Behandlung

Eine artgerechte Haltung nach hygienischen Grundsätzen sowie eine abwechslungsreiche Fütterung sind wichtige Bestandteile der Krankheitsprophylaxe.

Krankheiten, die leicht zu diagnostizieren sind, kann man selbst behandeln. Bei problematischeren Erkrankungen sollte die Hilfe eines Tierarztes in Anspruch genommen werden.

Vorbeugen ist besser als Heilen

Genau wie bei den Menschen gilt auch bei der Haltung von Hühnern der Grundsatz: Vorbeugen ist besser als Heilen. Die Realisierung dieses Grundsatzes umfasst

→ prophylaktische Impfungen der Hühner gegen besonders gefährliche Infektionskrankheiten,

→ die Einhaltung von hygienischen Standards im Stall und Auslauf,

→ eine abwechslungsreiche, gehaltvolle Fütterung

→ sowie die Reduzierung von Stressfaktoren.

Wenn trotz aller Vorkehrungen ein oder mehrere Tiere des Bestandes erkranken, sollte man schnell – jedoch immer mit der nötigen Besonnenheit – Gegenmaßnahmen einleiten. Diese bestehen vor allem darin, dass man bei leichteren, sicher diagnostizierten Erkrankungen unverzüglich eine Behandlung einleitet. Falls man bei der Diagnose Zweifel hat oder es sich um eine schwerwiegende Erkrankung handelt, ist es ratsam, Rat beziehungsweise Unterstützung bei einem erfahrenen Geflügelhalter oder Tierarzt einzuholen.

Wichtige Hühnerkrankheiten im Überblick

Symptome	Häufige Ursachen	Behandlung
Atypische Geflügelpest (Newcastle-Krankheit)		
Mit Fieber einhergehende Fressunlust, Schläfrigkeit und Teilnahmslosigkeit; Kamm und Kehllappen verfärben sich blau; die Hühner sträuben ihr Gefieder und hocken mit geschlossenen Augen in den dunklen Bereichen des Stalls; Ausfluss tritt aus Schnabel, Nase und Augen, unmotiviertes Kopfschütteln; Atemnot; grünlicher Durchfall; teilweise treten auch Lähmungserscheinungen auf; nach 5 Tagen tritt der Tod ein.	Erreger ist ein Virus mit hohem Ansteckungspotenzial.	Eine erfolgversprechende Behandlung ist nicht möglich; es besteht jedoch die Möglichkeit einer prophylaktischen Impfung; nach der Krankheit äußerst gründliche Stalldesinfektion.
Befall durch Federlinge		
An Federschäften und rund um die Kloake erkennt man (mithilfe einer Lupe) sehr gut den Befall mit den stecknadelkopfähnlichen Parasiteneiern; ständiges Putzen und das extrem häufige Nehmen von Sandbädern; die Legeleistung geht zurück; die Tiere zeigen allgemeines Unwohlsein.	Verursacher sind Kieferläuse, die sich von Hautschuppen sowie Federteilen ernähren und vor allem bei mangelnder Stallhygiene auftreten.	Verbessern der Hygiene im Stall; Erneuerung der Sandbäder; mehrmaliges Einsprühen der Hühner mit Teebaumöl, das 1:10 mit Wasser gemischt wird, oder mit einem Insektizid
Befall durch Kalkbeinmilben		
Entzündungen und Schwellungen an den Beinen, wodurch sich die Schuppen anheben	Verursacher ist eine Milbe, die sich in den Beinen eingenistet hat; diese sehen dann aus, als wären sie von krustigem Kalk überzogen.	Stall gründlich entmisten und desinfizieren; Beine der Hühner mit Glycerin einreiben, danach mit Kalkbeinsalbe eincremen
Befall durch Rote Vogelmilbe		
Die Hühner jucken und kratzen sich ständig; stellenweise Entzündungen und Verkrustungen der Haut; Schwellungen an Beinen und Haut; rapider Abfall der Legeleistung; ständige Unruhe.	Verursacher ist die nachtaktive Rote Vogelmilbe; zu ihrer Identifikation hängt man nachts weiße Plastiktüten unter den Sitzstangen auf, befinden sich morgen darin graue, rote oder schwärzliche Pünktchen, sind das die Milben.	Stall entmisten, desinfizieren, Wände frisch kalken, Sitzstangen erneuern und diese mit Pflanzenöl bestreichen, um so den Milben keine Verstecke zu bieten; Sandbadkiste und Nester im Stall erneuern Behandlung der Hühner mit pulverförmigen Acariziden

Symptome	Häufige Ursachen	Behandlung
Blinddarmkokzidiose, auch Rote Kükenruhr genannt		
Die Küken erkranken im Alter von 6 bis 8 Wochen, wobei die Alttiere als Überträger fungieren, ohne selbst krank zu werden; Appetitlosigkeit, Abmagerung, weitgehende Teilnahmslosigkeit; blutige Durchfälle mit hoher Sterblichkeitsrate.	Verursacher ist der Erreger *Cimeria tenella*.	Behandlung mit Amprolium, zur Unterstützung zusätzlich Multivitaminpräparate anbieten
Entzündete Augen		
Augen sind gerötet, tränen und/oder sondern Schleim ab.	Unzureichende Stallbelüftung; feuchte, stark ammoniakhaltige Einstreu, Zugluft	Ursachen abstellen; Augen vorsichtig mit lauwarmem Kamillentee oder 2%igem Borwasser abtupfen.
Geflügelcholera		
Hühner stellen das Fressen ein und beginnen, überdimensional viel Wasser aufzunehmen; Durchfall, der teils blutig ist; Kopf, Kamm und Kehllappen verfärben sich dunkel bis blaurot; Gleichgewichtsstörungen; Lähmungserscheinungen; hohe Sterblichkeitsrate.	Verursacher ist ein hochinfektiöses Bakterium, das sich im Verdauungstrakt sowie in den Atemwegen einnisten kann.	Tierärztliche Behandlung der ausgebrochenen Erkrankung nur mit niedrigen Heilungschancen; weit besser ist eine vorbeugende Prophylaxe; nach der Krankheit äußerst gründliche Stalldesinfektion.
Geflügelpest, auch Vogelgrippe genannt		
Teilnahmslosigkeit; blaurote Verfärbung von Kamm und Kehllappen; Bindehautentzündung; rötlichgrauer Schleim tritt aus dem Schnabel; Durchfall; Schwellungen am Kopf und Hals; Atemnot und Röcheln; Lähmungserscheinungen.	Verursacher ist ein Virus mit langer Lebensdauer (bis 12 Monate) und hoher Ansteckungsgefahr.	Keine Heilungschance, nach Ausbruch der Krankheit muss der gesamte Bestand getötet und verbrannt werden; es besteht jedoch die Möglichkeit einer prophylaktischen Impfung.

Dieses Huhn sollte auf jeden Fall genauer in Augenschein genommen werden.

Symptome	Häufige Ursachen	Behandlung

Infektiöse Bronchitis

Verringerte Legeleistung; deformierte und dünne Eierschalen; sonst braune Eischalen werden ohne Farbe gelegt; laute Atmungsgeräusche mit offenem Schnabel; Husten, Röcheln, Niesen; Nasenausfluss; Durchfall; allgemeine Erschöpfung.	Verursacher ist ein hochansteckender Coronarvirus.	Es ist nur eine prophylaktische Impfung, jedoch keine Heilung möglich; Hühner mit Spontanheilung bleiben zeitlebens Dauerausscheider von Viren; am sinnvollsten ist es, den gesamten Hühnerbestand auszutauschen und den Stall gründlich zu desinfizieren.

Picken (ständiges aggressives) nach Artgenossen

Die Hühner traktieren Artgenossen nahezu ständig mit Schnabelhieben, die sich gegen deren Gefieder, Kopf, Schwanz, After und Zehen/Beine richten.	Stress; zu enge Haltungsbedingungen; zu warmer und/oder schlecht belüfteter Stall; fehlende/zu wenig Einstreu; ungünstige Futterzusammensetzung	„Problemhühner" aus dem Bestand herausnehmen; mehr Stallraum anbieten oder den Bestand deutlich reduzieren; mehr Einstreu zum Scharren geben; mehr mehlhaltiges Futter sowie Muschelschalenbruch anbieten

Schwarzkopfkrankheit, auch Histomoniasis genannt

Weitgehend teilnahmsloses Verhalten; geschlossene Augen; stelzbeiniger Gang; Atembeschwerden; schleimiger Durchfall; manchmal geschwärzter Kamm sowie schwarz gefärbte Kopfhaut	Verursacher ist der Einzeller *Histomonas meleagridis*, welcher seinerseits durch Magen-Darm-Würmer übertragen wird.	Die Krankheit kann sowohl medikamentös als auch prophylaktisch durch regelmäßige Entwurmungen bekämpft werden.

Erreger der Geflügelpest unter Mikroskop

Gegen mehrere Krankheiten, wie etwa die Geflügelcholera und die Geflügelpest, sind prophylaktische Impfungen möglich.

Gesetzeslage zur Minimierung seuchenhafter Erkrankungen

Durch die Stallpflicht, während der die Hühner auch am Tag den Stall nicht verlassen dürfen, soll die Übertragung von hochinfektiösen Krankheiten durch Wildvögel vermieden werden.

In den einzelnen Ländern existieren jeweils gesetzliche Regelungen, die darauf abzielen, die Übertragung seuchenhafter Tierkrankheiten zu minimieren. Ein Beispiel hierfür ist die als Aufstallungsgebot bezeichnete Stallpflicht, die mitunter nur einzelne Länder oder dort sogar nur klar definierte Regionen betrifft. Es handelt sich dabei um eine behördliche Anordnung, die festlegt, dass Nutzgeflügelarten für einen begrenzten Zeitraum in überdachten Stallungen zu halten sind. Auf diese Weise will man den Kontakt zwischen Nutzgeflügel und wild lebende Vögel vermeiden, weil letztere oft die hochansteckende Vogelgrippe übertragen.

Welche jeweiligen Regelungen Hühnerhalter in den einzelnen Ländern/Regionen zu befolgen haben, kann in den Veterinär- und/oder Landwirtschaftsbehörden erfragt werden. Einige Erkrankungen, darunter die Atypische Geflügelpest und die Geflügelpest, sind der zuständigen Veterinärbehörde anzuzeigen, damit diese geeignete Maßnahme zur Eindämmung einleiten kann. Ein zu Rate gezogener Tierarzt wird in derartigen Situationen ohnehin auf die Anzeigepflicht hinweisen und zumeist auch erläutern, welche Formalitäten damit verbunden sind.

Beliebte Hühnerrassen

Anconas sind sehr agil und flugfreudig.

Ancona

HERKUNFT: Alte italienische Rasse, die nach der Provinz benannt wurde, in der sie entstand. Als Basistiere für die Zucht der Anconas fungierten verschiedene Landrassen sowie Leghorns. Fälschlicherweise wird deshalb das Ancona auch manchmal als Schwarzes Leghorn bezeichnet.

RASSETYPISCHE MERKMALE: Es ist eine sehr robuste, anpassungsfähige Rasse, die sich durch ein scheinbar nimmermüdes Wesen auszeichnet. Der Körper wirkt schlank und grazil. Außerdem begeistern die Hähne durch ihren majestätischen Gang, wobei sie ihr Schwanzgefieder halbhoch tragen. Bei den Anconas kommen sowohl Rosen- als auch Einzelkämme vor. Die Kehllappen sind sehr lang und außerdem besitzt diese Rasse die für die „Südländer" charakteristischen weißen Ohrscheiben.

FARBSCHLÄGE: Schwarz-weißgeperlt und blau-weißgeperlt, wobei die letztgenannte Variante nicht von allen Zuchtverbänden anerkannt wird. Die Zeichnungsintensität und -größe nimmt bei den Anconas nach jeder Mauser zu. Während junge Exemplare noch relativ kleine weiße Perlen haben, sind ältere Tiere deutlich fleckiger.

BESONDERHEITEN: Anconas haben nur einen sehr schwach ausgeprägten Bruttrieb. Sie sind gute Flieger, weshalb ihre Einfriedung mindestens 1,80 m hoch sein sollte. Von den Anconas existiert auch eine Zwergrasse, die 1910 in Großbritannien entstand.

Gewicht der erwachsenen Tiere	Hahn 2,5–3,0 kg Henne 1,8–2,0 kg
Ø Legeleistung pro Jahr	210–220 Eier
Farbe der Eischale	weiß

Andalusier

HERKUNFT: Alte spanische Rasse, die eng mit den Spaniern, Kastilianern und Minorkas verwandt ist.

RASSETYPISCHE MERKMALE: Schlanke, trotzdem nicht mager wirkende Rasse mit lang gestrecktem Rumpf. Der Einzelkamm ist stark gezackt, die Kehllappen sind lang und die relativ großen Ohrscheiben rein weiß. Agile Hühner mit sehr viel Temperament, das sich unter anderem in einer hohen Flugbereitschaft zeigt.

FARBSCHLÄGE: Blau-gesäumt, in Spanien auch ungesäumt; das Halsgefieder und der Sattelbehang auf dem Rücken bestehen aus glänzenden blauschwarzen Federn.

BESONDERHEITEN: Andalusier zeigen nur eine äußerst geringe Brutbereitschaft. Diese Rasse gilt in ihrem Bestand als stark gefährdet.
Es existiert auch eine Zwergrasse, bei der die Hähne 0,9 kg und die Hühner 0,8 kg wiegen. Diese Rasse legt jährlich etwa 100 Eier. Allerdings ist ihr Bestand genauso stark gefährdet wie die Großrasse.

Das Halsgefieder der Andalusier glänzt blauschwarz.

Gewicht der erwachsenen Tiere	Hahn 2,5–3,0 kg Henne 2,0–2,5 kg
Ø Legeleistung pro Jahr	170 Eier
Farbe der Eischale	weiß

Ein nicht reinrassiger Araucana-Hahn

Gewicht der erwachsenen Tiere	Hahn 2,0–2,5 kg
	Henne 1,5–2,0 kg
Ø Legeleistung pro Jahr	170–180 Eier
Farbe der Eischale	hellblau bis türkisfarben

Araucana

HERKUNFT: Der exakte Ursprung dieser auch als Araucans oder Araukaner bezeichneten Rasse konnte bisher nicht genau nachgewiesen werden. Aus dem Jahre 1890 liegen lediglich Dokumentationen vor, dass diese Hühner im einstigen Stammesgebiet der südamerikanischen Mapuche-Indianer, die man auch Araukaner nannte, halbwild lebten. Dieses Gebiet umschloss Teile des heutigen Brasiliens und Chiles. Denkbar ist, dass die Ahnen dieser Hühner bereits mit den spanischen Eroberern in dieses Gebiet gelangten oder ein Mitbringsel polynesischer Seefahrer waren.

RASSETYPISCHE MERKMALE: Ganz typisch ist der Backenbart, der sowohl bei den Hähnen als auch Hennen sehr gut ausgeprägt ist. Des Weiteren besitzen diese Hühner anstatt der Ohrlappen Hautwucherungen, die ebenfalls mit Federbüscheln überzogen sind. Diese nennt man auch Bommeln und Tuffs. Außerdem haben die Araucanas einen Erbsenkamm. Reinrassige Exemplare besitzen keinen Schwanz; das bedeutet, dass ihnen nicht nur die Schwanzfedern, sondern auch ein paar Schwanzwirbel fehlen. Es handelt sich um robuste Hühner mit einem ruhigen, nervenstarken Wesen.

FARBSCHLÄGE: blau, blau-gesäumt, blau-goldhalsig, blau-rot, blau-weizenfarbig, blau-wildfarbig, gesperbert, goldhalsig, gold-weizenfarbig, rebhuhnfarbig, schwarz, schwarz-rot, silberhalsig, weiß

BESONDERHEITEN: Von den Araucanas gibt es seit ein paar Jahrzehnten auch eine Zwergform, bei der die Hähne knapp 0,8 kg und die Hennen 0,7 kg wiegen. In den USA und Großbritannien werden die Araucanas aufgrund der Färbung ihrer Eischalen auch als Ostereier-Leger bezeichnet.

Eine ebenfalls nicht ganz reinrassige Henne mit gut ausgebildetem Bart

Rechte Seite: Kopfportrait eines Araucana-Hahns mit Erbsenkamm

Eine Hühnerrasse, die aus Australien stammt

Australorp

HERKUNFT: Die Erzüchtung der Australorps erfolgte um 1920. Ihre Bezeichnung setzt sich aus dem Herkunftskontinent Australien sowie (schwarz gefiederten) Orpingtons zusammen, die als wichtige Abstammungsrasse fungierte. Außerdem waren sehr wahrscheinlich amerikanische Croad Langschans als Kreuzungstiere beteiligt.

RASSETYPISCHE MERKMALE: Australorps zeichnen sich durch einen massigen Rumpf mit breiter Brust sowie einem verhältnismäßig tiefen Stand aus. Typisch sind der gut gezackte Einzelkamm, die langen Kehllappen sowie die roten Ohrscheiben. Australorps sind sehr ruhige, extrem anhängliche Hühner, die sich gern berühren lassen. Außerdem haben sich die Hennen als hervorragende Glucken erwiesen, die ihre Küken sehr gut führen.

FARBSCHLÄGE: blau-gesäumt, schwarz, weiß

BESONDERHEITEN: Australorps weisen eine sehr gute Mastfähigkeit auf und besitzen ein hervorragend schmeckendes Fleisch. Trotzdem werden sie – aufgrund ihrer hohen jährlichen Eierzahl – zumeist nicht als Zwiehuhn-, sondern als Legerasse klassifiziert. Von den Australorps existiert auch eine Zwergrasse, deren Hähne bis 1 kg und die Hühner bis 0,9 kg wiegen.

Gewicht der erwachsenen Tiere	Hahn 3,0 – 3,5 kg Henne 2,0 – 2,5 kg
Ø Legeleistung pro Jahr	190 Eier
Farbe der Eischale	hellbraun

Brakel

HERKUNFT: Es handelt sich um eine alte belgische Rasse, die eng mit dem französischen Bresse-Huhn verwandt ist. In Belgien entstanden vom Brakel mehrere lokale Varianten, wie etwa das Zottegemer Huhn und das Schwarzkopf-Brakel.

RASSETYPISCHE MERKMALE: Schlanke Rasse mit breiter, gut gewölbter Brust, verhältnismäßig tiefem Stand und lang gestrecktem Hinterleib. Charakteristisch sind der sehr große, stark gezackte Einzelkamm, die langen Kehllappen sowie die weißen Ohrscheiben. Es handelt sich um sehr robuste, agile Hühner, die immer etwas scheu bleiben und hervorragend fliegen können. Diese Rasse ist außerdem frohwüchsig und sehr frühreif. Oft beginnen die Hennen, die allerdings wenig Brutbereitschaft zeigen, schon im Alter von 18 Wochen zu legen.

FARBSCHLÄGE: blau, blau-gesäumt, goldfarbig, gold-weißgebändert, schwarz, silberfarbig, silber-weißgebändert, weiß, zitronenfarbig, zitronenfarbig-weiß-quergebändert

BESONDERHEITEN: Vom Brakel gibt es auch eine Zwergrasse, bei der die Hennen bis 0,75 kg und die Hähne bis 0,9 kg schwer werden.

Die Brakel repräsentieren eine alte belgische Rasse.

Gewicht der erwachsenen Tiere	Hahn 2,0–2,75 kg Henne 1,75–2,25 kg
Ø Legeleistung pro Jahr	180 Eier
Farbe der Eischale	weiß

Bei den Hamburgern handelt es sich um eine sehr elegante Rasse.

Hamburger

HERKUNFT: Niederländer, Briten und Deutsche streiten sich schon seit Jahren, wer die Hamburger erzüchtet hat. Sicher ist nur, dass es sich bei diesen Tieren um die Nachfahren der Sprenkelhühner handelt, die entlang der Nordseeküste weit verbreitet waren. Außerdem besteht eine sehr enge Verwandtschaft zu den Ostfriesischen Möwen und den Westfälischen Totlegern.

RASSETYPISCHE MERKMALE: Es handelt sich um elegante Hühner mit einem lang gestreckten Körper und hoch getragener Brust. Charakteristisch sind der Rosenkamm, die langen Kehllappen und die große weiße Ohrscheibe.
Hamburger haben sich als sehr temperamentvolle, agile Hühner erwiesen, die viel Platz und deshalb einen möglichst weiträumigen Auslauf benötigen.

FARBSCHLÄGE: blau-gesäumt, gold-gesprenkelt, goldlack, schwarz, silber-gesprenkelt, silberlack, weiß

BESONDERHEITEN: Der Bruttrieb ist bei dieser Rasse kaum vorhanden. Von den Hamburgern gibt es eine Zwergrasse, bei der die Hähne bis 0,8 kg und die Hühner bis 0,7 kg schwer werden.

Gewicht der erwachsenen Tiere	Hahn 2,0–2,5 kg Henne 1,5–2,0 kg
Ø Legeleistung pro Jahr	170–200 Eier
Farbe der Eischale	weiß

Hamburger-Hahn

Italiener

HERKUNFT: Wie es bereits aus der Rassebezeichnung hervorgeht, war Italien und dort sehr wahrscheinlich die Lombardei das ursprüngliche Zuchtgebiet dieser Rasse. Im 19. Jahrhundert fanden die Italiener auch in Österreich, der Schweiz sowie im süddeutschen Raum eine weite Verbreitung. Mittlerweile sind sie aber vielerorts durch Leghorn oder andere Rassen verdrängt worden und gelten in ihrem Bestand als ein wenig gefährdet.

RASSETYPISCHE MERKMALE: Bei den Italiener handelt es sich um eine sehr temperamentvolle Rasse, die in Körperbau und -haltung noch recht stark an die Bankivahühner erinnert. Der Rassestandard lässt sowohl Rosen- als auch Einzelkämme zu, welche dann sehr großflächig und tief gezackt sind. Des Weiteren besitzt diese Rasse große weiße Ohrscheiben. Italiener sind sehr frohwüchsig und beginnen zeitig zu legen. Gleichzeitig handelt es sich um robuste Tiere, die gut mit unterschiedlichen klimatischen Bedingungen zurechtkommen.

FARBSCHLÄGE: blau-rebhuhnfarbig, blau-weißgescheckt, gestreift, gelb, porzellanfarbig, goldfarbig, gold-schwarzgesäumt, kennfarbig-orangehalsig, perlgrau-orangehalsig, rebhuhnhalsig, rot, blau, rotgesattelt, schwarz, schwarz-weißgescheckt, silberfarbig, weiß

BESONDERHEITEN: Von den Italienern wurde eine Zwergrasse gezüchtet, deren Erhaltung sich zahlreiche Spezialgeflügelvereine widmen.

Italiener-Hahn mit Hennen

Silberfarbiger Italiener-Hahn

Gewicht der erwachsenen Tiere	Hahn 2,5 – 3,0 kg
	Henne 1,75 – 2,5 kg
Ø Legeleistung pro Jahr	190 – 200 Eier
Farbe der Eischale	weiß

Goldhalsiger Kraienkopp-Hahn

Bei den Kraienkopp-Hähnen sieht man, dass noch viel Kämpferblut in ihren Adern fließt.

Kraienkopp

HERKUNFT: Die Rasse entstand Mitte des 19. Jahrhunderts entlang der deutsch-niederländischen Grenze. Damals verpaarte man Landhühner mit Belgischen Kämpfern und Malaien mit dem Ziel, eine neue Kämpferrasse zu kreieren. Diese nannte man Biethauner, was so viel wie Beißhühner bedeutet. Erst später erhielten dieser Hühner aufgrund ihres nur mit dürften Anhängseln versehenen Hauptes den Namen Kraienkopp, also Krähenkopf. Mit etwas Fantasie betrachtet, sollen die Köpfe dieser Hühner denen von Krähen ähneln.

RASSETYPISCHE MERKMALE: Agile, äußerst robuste Rasse, die gut fliegen kann. Sehr stolze Haltung, die – obwohl diese Hühner inzwischen zu den Legerassen gezählt werden – immer noch den Kämpfertyp erahnen lässt. Muskulöser Körperbau mit kräftig entwickeltem Brust- und Halsbereich. Kleiner, mitunter recht schwach ausgebildeter Walnusskamm. Offen getragener, sichelförmiger Schwanz. Im Auslauf erweisen sich die Kraienköppe als sehr eifrige Futtersucher. Besonders hervorzuheben ist, dass die Hennen fast ganzjährig gut legen. Spitzentiere bringen es auf sogar auf knapp 230 Eier pro Jahr. Allerdings ist der Bruttrieb nur schwach ausgeprägt.

FARBSCHLÄGE: blau-goldhalsig, blau-silberhalsig, goldhalsig, orangehalsig, silberhalsig

BESONDERHEITEN: Die Hähne sind untereinander, aber auch zu denen anderer Rasse extrem aggressiv. Gegen Greifvögel, die die Kraienköppe aus der Luft attackieren, setzen sich vor allem die Hähne sehr mutig und entschlossen zur Wehr. Zu vertrauten Personen verhalten sie sich fast immer friedlich, mitunter sogar etwas zutraulich. Von den Kraienköppen existiert eine Zwergrasse, bei der die Hähne bis 0,9 kg und die Hennen bis 0,75 kg wiegen.

Gewicht der erwachsenen Tiere	Hahn 2,5 – 3,5 kg Henne 1,75 – 2,5 kg
Ø Legeleistung pro Jahr	180 – 190 Eier
Farbe der Eischale	weiß bis hellgelb

Krüper

HERKUNFT: Krüper gehören zu den ältesten deutschen Hühnerrassen, die schon im 16. Jahrhundert als Kriech- beziehungsweise Dachshühner urkundlich erwähnt werden. Anfangs gab es mit den bergischen und westfälischen Krüpern zwei Schläge, die jedoch 1916 unter einem gemeinsamen Rassestandard vereint wurden. Seitdem wird diese Rasse auch oft als Westfälische Krüper bezeichnet.

RASSETYPISCHE MERKMALE: Es handelt sich um anmutig wirkende Hühner mit niedrigem Stand und kurzen Beinen. Der Einzelkamm, die Kehllappen sowie die weißen Ohrscheiben sind sehr groß. Krüper repräsentieren eine agile Rasse, die leicht zutraulich wird und sehr zeitig mit dem Legen beginnt. Ein Bruttrieb ist bei dieser Rasse so gut wie nicht vorhanden.

FARBSCHLÄGE: gesperbert, rebhuhnhalsig, schwarz, schwarz-gelb, schwarz-weiß, weiß

BESONDERHEITEN: Die Rasse ist in ihrem Bestand stark gefährdet. Noch dramatischer erweist sich die Situation bei den Zwerg-Krüpern, von denen es weniger Exemplare als von der Großrasse gibt. Diese Hühner besitzen die sogenannte (genetisch fixierte) Krüperanlage, die sich in verkürzten, dicken Beinen äußert. Reinerbige Küken mit dieser Anlage sterben bereits zwischen dem vierten bis achten Bruttag im Ei ab. Um diesen ungünstigen Sachverhalt zu vermeiden, orientiert sich die Zuchtordnung an der Regel, nur kurzbeinige Hähne mit langbeinigen Hennen (beziehungsweise in umgekehrtem Geschlechterverhältnis) zu verpaaren.

Krüper-Hahn mit herrlich gesperbertem Gefieder

Große Kopfanhängsel und auffällige weiße Ohrscheiben sind typisch für die Krüper.

Gewicht der erwachsenen Tiere	Hahn 1,75–2,25 kg Henne 1,5–2,0 kg
Ø Legeleistung pro Jahr	(190) 220–230 (260) Eier
Farbe der Eischale	Weiß

Lakenfelder sind sehr agile Hühner.

Lakenfelder

HERKUNFT: Obwohl es über die Entstehung der Lakenfelder mehrere Theorien gibt, erscheint die folgende am wahrscheinlichsten: Danach wurde diese Rasse in der Nähe des Dümmer Sees, unweit von Osnabrück, herausgezüchtet. Als Basistiere für die Zucht wurden Westfälische Totleger, Campiner und Zottegemer Hühner verwendet. Im Jahre 1854 wurden die Lakenfelder, damals noch unter der Bezeichnung Jerusalemer, erstmals der Öffentlichkeit vorgestellt.

RASSETYPISCHE MERKMALE: Aufrechte Haltung mit einer gut entwickelter Bauch- und Brustregion. Die Rasse besitzt einen Einzelkamm, der bei den Hähnen mitunter etwas zur Seite geneigt ist, sowie mittellange Kehllappen und kleine weiße Ohrscheiben. Die Hähne tragen ihren Schwanz gespreizt und sehr hoch, während dieser bei den Hühnern fast spitztütenartig ausläuft.

FARBSCHLÄGE: Es gibt nur einen Schlag: Dieser besitzt einen lackschwarzen Hals-Kopf-Bereich und einen ebenso gefärbten Schwanz. Das restliche Gefieder ist rein weiß. Diese Färbung wird auch Lakenfelder Zeichnung genannt.

BESONDERHEITEN: Lakenfelder sind hervorragende Flieger. Ihr Bruttrieb ist allerding äußerst schwach ausgeprägt. In engen Ställen und Volieren neigen sie verstärkt zur Schreckhaftigkeit. In ihren Bestand ist die Rasse genauso gefährdet wie die Zwerg-Lakenfelder. Bei dieser Rasse erreichen die Hähne Gewichte von 0,9 kg und die Hennen von 0,7 bis 0,8 kg.

Gewicht der erwachsenen Tiere	Hahn	1,75–2,25 kg
	Henne	1,5–2,0 kg
Ø Legeleistung pro Jahr	150–160 Eier	
Farbe der Eischale	weiß	

Leghorn

HERKUNFT: Als Ausgangstiere für die Zucht der Leg-
horns dienten italienische Landhühner, wobei sich der
Rassename von der Stadt Livorno ableitet. Im englisch-
sprachigen Raum (wo die Zucht dieser Rasse in den
USA und Großbritannien ihren Anfang nahm) heißt die
Übersetzung von Livorno Leghorn.

RASSETYPISCHE MERKMALE: Es handelt sich um eine
agile, flugfreudige Rasse, die sehr zeitig mit dem Legen
beginnt. Typisch sind der große Einzelkamm, die ausgeprägten Kehllappen sowie die weißen Ohrscheiben.
Das übrige Rassebild variiert ein wenig in Abhängigkeit
von der Zuchtrichtung. So tragen die Hähne der ameri-
kanischen und deutsch-niederländischen Zuchtrichtung ihre Schwänze sehr hoch, wobei ihn die Erstge-
nannten noch mehr spreizen. Im Unterschied dazu wird
er bei den Vertretern der englischen Zuchtrichtung
niedriger und fast völlig zusammengefaltet getragen.

FARBSCHLÄGE: Von Leghorns existieren zahlreiche
Farbschläge, die allerdings nicht von den Zuchtverbänden aller Länder anerkannt werden. So umfasst das
Farbenspektrum unter anderem blau, braun-wildfarbig,
columbia, gelb, gestreift, gold-blaugesäumt, goldhalsig, gold-schwarzgesäumt, porzellanfarbig, rebhuhnfarbig, rotschultrig-silbern-wildfarbig, rot-wildfarbig,
schwarz, silberfarbig, silberhalsig und weiß.

BESONDERHEITEN: Die Vertreter der deutsch-nieder-
ländische Zuchtvariante werden in einigen Ländern,
stellvertretend hierfür sei Frankreich genannt, nicht
als Leghorns, sondern nach dem Land der Ursprungs-
rasse als Italiana bezeichnet. In der Geflügel-
großhaltung werden vor allem Weiße Leghorns gern für Hybridkreuzung genutzt, um
dadurch Legehühner zu kreieren, deren Jah-
reslegeleistung weit über dem Durchschnitt
liegt. Vom Leghorn gibt es eine Zwergrasse,
bei der die Hennen bis 0,6 kg und die Hähne
bis 0,8 kg schwer werden.

Wildfarbiger Leghorn-Hahn.

*Beim Weißen Leghorn, hier eine
Henne, handelt es sich um einen
äußerst beliebten und sehr
weitverbreiteten Farbschlag.*

*Der Farbschlag Schwarze Leghorn hat nicht in allen
Ländern eine züchterische Anerkennung gefunden.*

Gewicht der erwachsenen Tiere	Hahn 2,0–2,7 kg Henne 2,0–2,2 kg
Ø Legeleistung pro Jahr	200–220 Eier
Farbe der Eischale	weiß

New Hampshire

HERKUNFT: Eine amerikanische Rasse aus dem gleichnamigen US-Bundesstaat, wo sie Anfang des 20. Jahrhunderts aus Rhodeländern gezüchtet wurde. Außerdem fließt in den Adern der New Hampshire auch etwas Blut von Roten Malaien.

RASSETYPISCHE MERKMALE: Entsprechend ihrer Zugehörigkeit zu den Legehühner sind die New Hampshire verhältnismäßig schwer. Trotz des Malaienblutes handelt es sich bei den New Hampshire um eine ruhige, leicht zähmbare Rasse, die sehr zutraulich wird. Außerdem sind New Hampshire äußerst robuste Hühner, die nur eine geringe Tendenz zum Fliegen zeigen. Sie besitzen einen Hohlrücken, eine kräftige, durchgestreckte Brust und muskulöse, relativ hoch stehende Schenkel. Der stark gezackte Einzelkamm ist groß, die Kehllappen sind lang und die Ohrscheiben haben eine rötlichbraune Farbe.

FARBSCHLÄGE: blau-goldbraun, goldbraun, rotbraun, weiß

BESONDERHEITEN: Die bunten Hähne sollten nach dem Rassestandard drei Farbschattierungen haben, wobei der Halsbehang den hellsten und der Rücken den dunkelsten Ton aufweisen muss. Die Färbung des Sattelgefieders (hinterer Teil des Rückens) liegt farblich etwa zwischen den Tönen des Halsbehangs und des Schwanzes. Vom New Hampshire existiert eine Zwergrasse (siehe dort).

Obwohl bei ihrer Zucht auch Malaien eingekreuzt wurden, sind New Hampshires sehr ruhige Hühner.

Gewicht der erwachsenen Tiere	Hahn 3,0–3,5 kg Henne 2,5–3,0 kg
Ø Legeleistung pro Jahr	220–250 Eier
Farbe der Eischale	braun

Linke Seite: Kopfportrait eines Leghorns

Ostfriesische Möwen sind hervorragende Flieger.

Ostfriesische Möwe

HERKUNFT: Deutsche Rasse, die um 1820 im deutsch-niederländischen Grenzgebiet entstanden ist. Es gibt noch immer Streitigkeiten darüber, ob die Schreibweise „Ostfriesische Möwe" oder „Ostfriesische Möve" richtig ist. Die Bezeichnung Möwe leitet sich nicht nur von dem enormen Flugvermögen dieser Hühner ab, sondern auch von der großen Ähnlichkeit, welche die Küken mit denen der echten Möwen haben.

RASSETYPISCHE MERKMALE: Sehr agile, robuste, wetterfeste Rasse mit mittelhohem Stand. Diese Hühner erweisen sich als sehr frohwüchsig und frühreif. Charakteristisch sind der Einzelkamm und die langen Kehllappen. Bei den Hennen ist die Flockenzeichnung fast immer wesentlich besser ausgeprägt als bei den Hähnen.

FARBSCHLÄGE: silber-schwarzgeflockt, gold-schwarzgeflockt

BESONDERHEITEN: Diese Rasse weist eine weit überdurchschnittliche Fleischqualität auf. Es existiert auch eine Mininaturform, die Ostfriesische Zwerg-Möwe, bei der die Hennen 0,7 kg und die Hähne 0,9 kg schwer werden.

Gewicht der erwachsenen Tiere	Hahn 2,25–3,0 kg Henne 1,75–2,5 kg
Ø Legeleistung pro Jahr	180 Eier
Farbe der Eischale	weiß

Plymouth Rock

HERKUNFT: Eine US-amerikanische Rasse, welche etwa 1850 entstand und zunächst die Bezeichnung Barred Plymouth Rock trug. Aufgrund der gemeinsamen Basisrassen Dominikaner, Javahühner und Brahmas, die zur Zucht verwendet wurden, besteht zwischen den Plymouth Rock und den Amrocks eine sehr enge Verwandtschaft.

RASSETYPISCHE MERKMALE: Breiter, tiefer Rumpf und ein mittelhoher Stand. Das Erscheinungsbild wirkt fast dreieckig. Plymouth Rocks besitzen einen Einzelkamm, mittelgroße Kehllappen und rote Ohrscheiben. Es ist eine sehr zutraulich werdende Rasse, die nicht sonderlich gern fliegt.

FARBSCHLÄGE: blau-gesäumt, columbiafarbig, gelb, gelb-columbiafarbig, gestreift, rebhuhnfarbig-gebändert, schwarz, silberfarbig-gebändert, weiß

BESONDERHEITEN: Robuste, wenig krankheitsanfällige Rasse, die mit unterschiedlichen Witterungsverhältnissen gut zurechtkommt. Deshalb ist sie für Anfänger sehr empfehlenswert. Von den Plymouth Rocks gibt es eine Zwergrasse, die häufiger gehalten wird als die Großrasse. Die Hähne der Zwerg-Plymouth-Rocks werden bis 1,2 kg und die Hennen bis 1 kg schwer.

Hahn mit Hennen

Hahn vom weißen Farbschlag

Plymouth-Rock-Henne im Freiland

Gewicht der erwachsenen Tiere	Hahn 3,0–3,5 kg Henne 2,5–3,0 kg
Ø Legeleistung pro Jahr	170–180 Eier
Farbe der Eischale	dunkelgelb

Rhodeländer

HERKUNFT: Es handelt sich um eine der ältesten US-amerikanischen Rassen, deren Zucht ganz gezielt auf eine sehr hohe Legeleistung erfolgte. Sie stammt aus dem Bundesstaat Rhode Island und wurde ursprünglich als Rhode Island Red oder nur als Rhode Island bezeichnet.

RASSETYPISCHE MERKMALE: Zumeist besitzen die Rhodeländer einen gut gezackten Einzelkamm, während Rosenkämme seltener vorkommen. Der Körper diese Hühner hat eine fast rechteckige Form mit stark gewölbter Brust und einer nahezu gerade verlaufenden Rückenlinie. Die Rhodeländer repräsentieren sich eine als klimaharte und gleichzeitig recht anspruchslose Rasse, die nur wenig Drang zum Fliegen hat.

FARBSCHLÄGE: rot (dunkel, mit schwarzen Zeichnungen an Flügeln und Schwanz), weiß (mit Zeichnungen)

BESONDERHEITEN: Weil während der Hauszüchtung auch malaiische Kampfhühner eingekreuzt wurden, kommt es immer zu Auseinandersetzungen, wenn mehrere Rhodeländer-Hähne vorhanden sind. Von den Rhodeländern wurde eine Zwergrasse gezüchtet (siehe dort).

Rhodeländer sind eine US-amerikanische Rasse, die aus dem Bundesstaat Rhode Island stammt.

Rhodeländer-Hahn mit Hühnern

Der Körper der Rhodeländer hat eine fast rechteckige Form.

Gewicht der erwachsenen Tiere	Hahn	3,0 – 3,5 kg
	Henne	2,5 – 3,0 kg
Ø Legeleistung pro Jahr	200 Eier	
Farbe der Eischale	bräunlich	

Spanier

HERKUNFT: Die Spanier sind eine mehrere hundert Jahre alte Rasse. Sie wurde in Spanien aus Kastilianern gezüchtet, bei denen es sich um Landhühner handelt, die kleiner und leichter als die Spanier sind. Sehr wahrscheinlich stellen jene Hühner, die Columella in seinem im 1. Jahrhundert n. Chr. verfassten Werk „De re rustica" erwähnt, die Vorläufer der Kastilianer dar. Darüber hinaus sind die Spanier eng mit den Minorkas sowie den Andalusiern verwandt.

RASSETYPISCHE MERKMALE: Die Redewendung „Stolz wie ein Spanier" trifft im vollen Umfang auf diese Rasse und ganz besonders auf die Hähne zu. Ihre aufrechte Körperhaltung mit der vorgewölbten Brust und dem breiten Schwanzgefieder wirkt sehr majestätisch. Zu dieser majestätischen Erscheinung tragen auch die langen, feinknochigen Beine bei, die eine graue Färbung haben. Das auffälligste Merkmal der Spanier ist aber die weiße Gesichtsfärbung, welche mit der ebenso aussehenden Ohrscheibe eine große Maske bildet, die als Clowngesicht bezeichnet wird. Weiterhin besitzen die Spanier einen imposanten Einzelkamm und große Kehllappen.

FARBSCHLÄGE: Ausschließlich schwarz; wenn die Sonne auf das Gefieder scheint, ist stellenweise oft ein metallisch-dunkelgrüner Glanz vorhanden.

BESONDERHEITEN: Spanier sind sehr agile, temperamentvolle, jedoch wenig brutfreudige Hühner. Leider wird diese attraktive Rasse nur sehr selten gehalten und gilt deshalb in ihrem Bestand als stark gefährdet. Von den Spaniern wurde auch eine Zwergrasse erzüchtet, die ebenfalls schwarzes Gefieder hat. Deren Hähne wiegen bis 1 kg und die Hennen bis 0,9 kg.

Spanier gehören zu den ältesten Hühnerrassen der Welt.

Gewicht der erwachsenen Tiere	Hahn 2,5–3,0 kg Henne 2–2,5 kg
Ø Legeleistung pro Jahr	155–165 Eier
Farbe der Eischale	weiß

Die Crève-Coeurs gelten als die älteste französische Hühnerrasse.

Gewicht der erwachsenen Tiere	Hahn 2,5–3,5 kg
	Henne 2,0–3,0 kg
Ø Legeleistung pro Jahr	150 Eier
Farbe der Eischale	weiß

Crève-Coeur

HERKUNFT: Diese Hühner, die auch *Crève-Cœur, Crèvecœur und Crèvecoeur* geschrieben werden, gelten als eine der ältesten französischen Rassen. Sie stammen aus dem kleinen Ort Crèvecœur-en-Auge in der Normandie.

RASSETYPISCHE MERKMALE: Diese Rasse ist sehr frohwüchsig und besitzt einen massigen Körperbau mit breiter Brust. Auf dem Kopf befindet sich ein Federschopf, der bei den Hähnen größer ist als bei den Hennen. Außerdem bilden beide Geschlechter Bartgefieder sowie einen Hörnchenkamm aus. Crève-Coeurs lassen sich leicht zähmen und werden sehr zutraulich.

FARBSCHLÄGE: blau-gesäumt, gesperbert, perlgrau, schwarz, weiß

BESONDERHEITEN: Man sollte die erwachsenen Exemplare nicht zu üppig füttern, weil sie – insbesondere bei zu wenig Bewegung – sehr schnell zur Verfettung neigen. Um zu vermeiden, dass Schopf und Bart bei dieser Rasse verfilzen, ist es ratsam, sie bei feucht-regnerischem Wetter entweder im Stall zu halten oder ihr einen überdachten Auslauf anzubieten. Es wurden auch Zwerg-Crève-Coeurs gezüchtet, bei denen die Hähne bis 0,95 kg und die Hennen bis 0,85 kg wiegen können.

Hahn und Henne mit dem typischen Federschopf und Hörnchenkamm

Dorking

HERKUNFT: Dorkings gehören zu den ältesten Rassen Großbritanniens, deren Vorfahren bereits um 55 v. Chr. bekannt waren. In der Vergangenheit dienten diese Tiere oft zur Neuzüchtung von Rassen oder als Kreuzungspartner, um die Leistungen anderer Hühner zu verbessern.

RASSETYPISCHE MERKMALE: Dorkings haben einen sehr niedrigen Stand. Es sind sehr massig wirkende Hühner, deren Erscheinungsbild fast viereckig anmutet. Die Hähne weisen eine kräftige Hals- und Sattelbefiederung (hinterer Bereich des Rückens) auf. Der sichelförmige Schwanz wird offen getragen. Alle Kopfanhängsel sind rot gefärbt. Es existieren sowohl Dorkings mit tief gezackten Einzel- als auch mit Rosenkämmen. Die Kehllappen sind sehr groß. Es handelt sich um sehr ruhige, ausgeglichene Hühner, die sich leicht zähmen lassen. Bei ihrer Futtersuche wirken sie im Vergleich zu anderen Rassen fast schon etwas behäbig.

FARBSCHLÄGE: gesperbert, goldhalsig, gold-wildfarbig, silber-wildfarbig, silberhalsig, weiß

BESONDERHEITEN: Die erwachsenen Tiere dürfen nicht zu üppig gefüttert werden, weil sie sonst schnell zur Verfettung neigen. Dorking-Hennen haben sich als hervorragende Glucken erwiesen, die ihre Küken sehr zuverlässig führen.

Dorkings haben einen verhältnismäßig niedrigen Stand.

Gewicht der erwachsenen Tiere	Hahn 3,5–4,5 kg
	Henne 2,5–3,5 kg
Ø Legeleistung pro Jahr	140–150 Eier
Farbe der Eischale	weiß

Prächtiger Niederrheiner-Hahn

Niederrheiner

HERKUNFT: Wie es bereits die Rassebezeichnung verrät, entstand diese Rasse am Niederrhein. Das Herauszüchten der Niederrheiner erfolgte zwischen 1935 und 1940 vornehmlich durch F. Rothenstein und J. Jobs. Diese beiden Geflügelexperten verwendeten als Basistiere für die Zucht hauptsächlich Blaue Mechelner (auch Mechelner Kuckuck genannt), Plymouth Rock, Faverolles und Belgische Kämpfer. Zunächst wurde die neu entstandene Rasse als Blaue Masthühner und später als Blaue Sperberhühner bezeichnet, bis sich schließlich ihr heutiger Name durchsetzte.

RASSETYPISCHE MERKMALE: Der Körper der Niederrheiner ist breit, füllig und wirkt sehr hoch. Normalerweise sind die Beine unbefiedert. Diese Rasse besitzt einen großen Einzelkamm. Außerdem weisen die Hähne sehr üppig ausgebildete Kehllappen auf.

FARBSCHLÄGE: birkenfarbig, blau, blau-gesperbert, gelb-gesperbert, gesperbert-wildfarbig

BESONDERHEITEN: Es handelt sich um eine sehr schnellwüchsige Rasse, die weißes kurzfaseriges Fleisch bildet. Trotz ihrer Masse sind die Niederrheiner sehr agil und beeindrucken als Fleischhühner durch ihre außerordentlich gute Legeleistung.

Gewicht der erwachsenen Tiere	Hahn 3,5–4,0 kg Henne 2,5–3,0 kg
Ø Legeleistung pro Jahr	200 Eier
Farbe der Eischale	gelb bis hellbraun

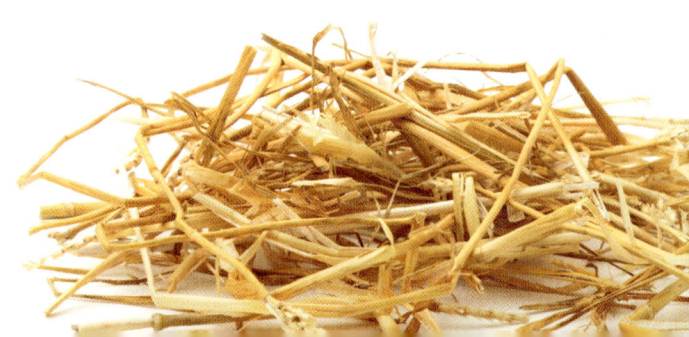

Orpington

HERKUNFT: Die Wiege der Rasse Orpington stand in der gleichnamigen Gemeinde der englischen Grafschaft Kent. Dort kreuzte W. Cook Ende des 19. Jahrhunderts Minorkas, Plymouth Rocks sowie Langschans und kreierte daraus die Orpingtons. Später wurden die Orpintons noch weiterentwickelt, indem man Rhodeländer, Wyandotten und Sussex einkreuzte.

RASSETYPISCHE MERKMALE: Es handelt sich um sehr kräftige und kompakt wirkende Hühner mit einem sehr niedrigen Stand. Weil das Gefieder sehr locker ansitzt, wirken diese wuchtigen Tiere noch größer als sie ohnehin schon sind. Die Orpingtons können sowohl einen Einzel- als auch einen Rosenkamm aufweisen. Bei Tieren mit Einzelkämmen sind zumeist auch die Kehllappen etwas größer.
Bei guter Pflege werden Orpingtons sehr schnell handzahm.

FARBSCHLÄGE: Die Rassen, die bei der Herauszüchtung der heutigen Orpintons beteiligt waren, trugen erheblich zu deren Farbenvielfalt bei. Mittlerweile gibt es bei dieser Rasse die Farbschläge birkenfarbig, blau-gesäumt, braun-porzellanfarbig, gelb, gelb-schwarzgesäumt, gestreift, kennfarbig, rebhuhnfarbig-gebändert, rot, schwarz, schwarz-weißgescheckt und weiß.

BESONDERHEITEN: Orpingtons haben sich als sehr schlechte Flieger erwiesen. Deshalb ist für die Haltung dieser Rasse nur eine sehr niedrige Einfriedung notwendig, die nicht mehr als 1 m hoch sein muss. Wegen des tiefen Stands wird das Bauchgefieder der Orpingtons bei feuchtem Wetter und flacher Schneedecke schnell nass. Damit es rasch wieder trocknet, darf im Stall keinerlei Feuchtigkeit vorherrschen.
Vom Orpington wurde eine Zwergrasse gezüchtet (siehe dort).

Ein äußerst stattlicher Orpington-Hahn

Schon bei einer flachen Schneedecke wird das tief liegende Bauchgefieder der Orpingtons sehr schnell nass.

Orpington-Henne

Gewicht der erwachsenen Tiere	Hahn 4,5 – 5,5 kg Henne 3,5 – 5,0 kg
Ø Legeleistung pro Jahr	170 – 180 Eier
Farbe der Eischale	gelbbraun

Sussex

HERKUNFT: Es handelt sich um eine beliebte alte Rasse, die um 1880 in den englischen Grafschaften Sussex, Surrey und Kent entstand. Zur Zucht wurden neben verschiedenen Landhühnern, die sich keiner Rasse zuordnen ließen, hautsächlich Dorkings und Brahmas verwendet.

RASSETYPISCHE MERKMALE: Sussex sind eine sehr frühreife, frohwüchsige Rasse. Sie haben einen halbhohen Stand und einen fast rechteckig anmutenden Körperbau. Die Brust ist breit und kräftig entwickelt. Der Einzelkamm sowie die Kehllappen sind mittelgroß. Sussex verkörpern eine sehr robuste Rasse, die sich besonders gut für Anfänger eignet. Des Weiteren sind Sussex keine guten Flieger, sodass für ihre Einfriedung 1,30 m hohe Zäune genügen.

FARBSCHLÄGE: braun, columbia, gelb-columbia, gesperbert, grau-silbern, rot-columbia, rot-porzellanfarbig sowie weiß

BESONDERHEITEN: Sussex kommen häufig in Brutstimmung und führen als Glucken ihre Küken vorbildlich. Aufgrund dieses ausgeprägten Muttertriebes werden sie gern als Ammenglucken verwendet. Diese Rasse legt auch in der kalten, dunklen Jahreszeit noch recht gut. Vom Sussex existiert eine Zwergrasse (siehe dort).

Die Rassebezeichnung der Sussex leitet sich von der gleichnamigen englischen Grafschaft ab, die zu den Hauptentstehungsgebieten dieser Hühner gehörte.

Linke Seite:
Schwarze Orpington-Henne

Stattlicher Sussex-Hahn

Gewicht der erwachsenen Tiere	Hahn 3,5–4,0 kg Henne 2,5–3,0 kg
Ø Legeleistung pro Jahr	170–180 Eier
Farbe der Eischale	gelb bis hellbraun

Amrock

HERKUNFT: Diese Rasse ist 1874 in den USA entstanden und trug zunächst die Bezeichnung Barred Rocks. Aufgrund der Tatsache, dass sowohl die Amrocks als auch die Plymouth Rocks aus Kreuzungen von Dominikanern, Javahühnern und Brahmas hervorgingen, werden sie von manchen Züchtern nicht als separate Rassen, sondern nur als zwei unterschiedlich ausgeprägte Typen angesehen.

RASSETYPISCHE MERKMALE: Kräftige, kompaktwirkende Hühner mit breiter Brust und mittelhohem Stand, die sich durch ein ruhiges, zutrauliches Wesen auszeichnen. Sie besitzen eine Einzelkamm, mittelgroße Kehllappen und rote Ohrscheiben.

FARBSCHLÄGE: Ausschließlich gestreift; bei den Amrocks lässt sich das Geschlecht bereits im Kükenalter sicher identifizieren: Bei den Hähnen sind die Streifen im Gefieder gleich breit, dagegen haben die dunklen Streifen bei den Hennen ungefähr die doppelte Breite wie die weißen. Dadurch wirken die kleinen Hühnchen dunkler als die Hähnchen.

BESONDERHEITEN: Sehr frohwüchsige und zugleich robuste Rasse, die allerdings nur noch einen sehr schwach ausgeprägten Bruttrieb aufweist. Mit zunehmendem Alter neigen Amrocks schnell zur Verfettung, weshalb man sie dann nicht üppig füttern darf, weil sonst die Legeleistung merklich sinkt. Von den Amrocks gibt es eine Zwergform, bei der die Hähne etwa 1,2 kg und die Hennen 1,0 kg wiegen. Die Legeleistung beläuft sich bei diesen Zwergen auf etwa 140 Eier pro Jahr.

Linke Seite:
Sussex-Hennen im Freigehege

Amrocks gib es nur als gestreiften Farbschlag.

Gewicht der erwachsenen Tiere	Hahn 3,0–4,0 kg Henne 2,5–3,0 kg
Ø Legeleistung pro Jahr	200–220 Eier
Farbe der Eischale	bräunlich-gelb bis braun

Barnevelder repräsentieren eine alte niederländische Rasse.

Barnevelder

HERKUNFT: Barnevelder sind eine seit etwa 1850 bekannte niederländische Rasse, die nach der gleichnamigen Ortschaft benannt wurde. Als Basistiere für ihre Zucht fungierten Landhühner, die man mit Cochins kreuzte. Später erfolgte noch die Einkreuzung von Goldwyandotten, Rhodeländern und sehr wahrscheinlich auch von Indischen Kämpfern.

RASSETYPISCHE MERKMALE: Neben ihrer hervorragenden Legeleistung überzeugen Barnevelder auch mit einer ausgeprägten Mastfähigkeit und guter Fleischqualität. Der Stand ist mittelhoch und der Körper wirkt kräftig entwickelt. Die Kopf-Hals-Partie muss mit dem Schwanz annähernd ein V bilden. Barnevelder haben rote Ohrescheiben, einen Einzelkamm und mittelgroße Kehllappen. Des Öfteren werden die Barnevelder auch den Legerassen zugeordnet.

FARBSCHLÄGE: blau, braun-blau-doppelgesäumt, braun-schwarz-doppelgesäumt, dunkelbraun, kennfarbig, rebhuhnfarbig (nur in Großbritannien anerkannt), schwarz, silber-schwarz-doppelgesäumt, weiß

BESONDERHEITEN: Barnevelder werden schnell zutraulich und lassen sich leicht zähmen. Sie betätigen sich nur recht ungern als Flieger. Von den Barneveldern gibt es auch Zwerge (siehe dort).

Gewicht der erwachsenen Tiere	Hahn 2,5–3,5 kg Henne 2,0–2,7 kg
Ø Legeleistung pro Jahr	200–230 Eier
Farbe der Eischale	gelbbraun

Bielefelder Kennhuhn

HERKUNFT: Deutsches Huhn, das in den 70er- und 80er-Jahren des 20. Jahrhunderts in der gleichnamigen Stadt entstand und dessen anfängliche Kennfarbigkeit mit in die Rassebezeichnung einfloss. Als Ausgangsrasse für die Zucht dienten anfangs gesperberte Hühner des halbasiatischen Typs, Mechelner und Welsumer. Später flossen noch Amrock, New Hampshire und Rhodeländer ein.

RASSETYPISCHE MERKMALE: Ein kräftiges, breitschulteriges Huhn mit kräftiger Brustpartie und halbhohem Stand; der Schwanz des Hahns ist halblang. Bielefelder Kennhühner besitzen einen Einzelkamm, lange Kinnlappen und rötliche Ohrscheiben. Es handelt sich um eine robuste, sehr ausgeglichene Rasse, die schnell zutraulich wird.

FARBSCHLÄGE: kennsperberfarbig, silber-kennsperberfarbig

BESONDERHEITEN: Bereits bei den Eintagsküken können auch Nichtfachleute die Geschlechter eindeutig identifizieren. Die Hähnchen besitzen in diesem Alter einen hellbraunen Rückenstreifen und einen großen weißen Sperberfleck auf dem Kopf. Im Unterschied dazu ist der Rückenstreifen der Hühnchen, die nur einen kleinen Sperberfleck haben, kräftig dunkelbraun. Von den Bielefelder Kennhühnern wurde auch eine Zwergrasse gezüchtet.

Bielefelder Kennhühner haben einen sehr kompakten Körperbau.

Bielefelder-Hahn und Henne

Gewicht der erwachsenen Tiere	Hahn 3,0–4,0 kg Henne 2,5–3,0 kg
Ø Legeleistung pro Jahr	200–230 Eier
Farbe der Eischale	gelbbraun

Denizli-Kräher gehören zu den ältesten Rassen in der Türkei.

Denizli-Kräher

HERKUNFT: Ein Huhn, das in der türkischen Provinz Denizli erzüchtet wurde. Gleichzeitig repräsentiert es eine der ältesten türkischen Rassen, die es Schätzungen zufolge seit mindestens 500 Jahren gibt

RASSETYPISCHE MERKMALE: Denizli-Kräher sind sehr robust und wenig anfällig für Krankheiten. Die Rasse besitzt einen Einzelkamm und lange Kehllappen. Der Rumpf wirkt sehr muskulös und gestreckt. Der Stand ist hoch, wobei die Brust nicht übermäßig stark hervortritt. Die Hennen haben sich als keine guten Glucken erwiesen, weshalb es ratsamer ist, die Eier dieser in Mitteleuropa selten gepflegten Rasse Ammenglucken unterzuschieben.

FARBSCHLÄGE: braun, goldgetupft, schwarz, schwarz-silber, schwarz-gold, weiß

BESONDERHEITEN: Den Name der Denizli-Kräher hätte man nicht besser wählen können, denn gute Hähne sind in der Lage, einen Krähruf von 25 bis 30 Sekunden auszustoßen.

Gewicht der erwachsenen Tiere	Hahn 3,0–3,5 kg Henne 2,0–2,5 kg
Ø Legeleistung pro Jahr	100–130 Eier
Farbe der Eischale	weiß

Rechte Seite: Diese Rasse gibt es auch als völlig schwarzen Farbschlag.

Faverolles-Hahn in hervorragender körperlicher Verfassung

Faverolles oder Deutsches Lachshuhn

HERKUNFT: Diese Rasse erhielt ihren Namen von dem französischen Dorf Faverolles, wo ein Schwerpunkt der Zucht war. Das einstige Ziel bestand darin, die vorhandenen Bauernhühner zu kräftigen Fleischhühnern umzuzüchten. Aus diesem Grund wurden vor allem Brahmas und Dorkings, aber auch Houdans eingekreuzt. Letzteren verdanken die Faverolles ihr Bartgefieder und ihre Halskrausen.

RASSETYPISCHE MERKMALE: Diese schwere, schnellwüchsige und sehr anspruchslose Rasse besitzt einen Einzelkamm sowie ein üppiges Bart- und Halskrausengefieder. Die Beine sind teilweise befiedert. Im Unterschied zu den meisten anderen Rassen haben die Faverolles nicht vier, sondern fünf Zehen. Diese zusätzliche Zehe ist auch bei den Dorkings vorhanden. Faverolles sind sehr ruhige, schnell zutraulich werdende Hühner mit nur geringer Neigung zum Fliegen. Die Hennen entschließen sich fast nie zum Brüten.

FARBSCHLÄGE: Blau-lachsfarbig, gesperbert-lachsfarbig, weiß sowie weiß-schwarzcolumbia; der gesperberte Schlag wird allerdings nicht von allen Zuchtverbänden anerkannt.

Auch die Hennen besitzen ein imposantes Bartgefieder.

BESONDERHEITEN: Die einstige Mastrasse wird inzwischen häufig als Zwiehuhn angesehen. Es existiert auch eine Zwergform, die als Deutsches Zwerg-Lachshuhn bezeichnet wird. Die Hähne dieser Rasse wiegen bis 1,3 kg und die Hennen bis 1,1 kg.

Gewicht der erwachsenen Tiere	Hahn	3,0–4,0 kg
	Henne	2,5–3,25 kg
Ø Legeleistung pro Jahr		150–160 Eier
Farbe der Eischale		hellgelb bis braun

Rechte Seite: Ganz typisch für die Faverolles: das ausgeprägte Bartgefieder.

Insbesondere bei den Gauloise-Dorée-Hähnen ist die große Nähe zu den Bankivahühnern unverkennbar.

Gauloise Dorée

HERKUNFT: Es handelt sich um einer der ältesten französischen Landhuhnrassen, die in ihrem Aussehen noch stark an ihre wilden Vorfahren, die Bankivahühner erinnert. Gauloise Dorées stellen das Sinnbild des gallischen Hahns dar.

RASSETYPISCHE MERKMALE: Mittelhoher Stand, das Schwanzgefieder wird offen getragen und steht bei der Henne fast senkrecht. Beim Hahn bildet es eine Sichel. Es handelt sich um schlanke, jedoch trotzdem kräftige Hühner. Die gezackten Einzelkämme sind groß und die Kehllappen sehr lang. Die Ohrscheibe ist weiß gefärbt.

FARBSCHLÄGE: ausschließlich wildfarbig

BESONDERHEITEN: Agile, robuste Rasse, die sich als hervorragender Flieger erwiesen hat. Sie kommt gut mit unterschiedlichen Witterungsbedingungen zurecht. Die Brutbereitschaft und guten Muttereigenschaften wurde bei den Hennen noch nicht weggezüchtet. In den 50er-Jahren des vorigen Jahrhunderts war der Bestand dieser Rasse stark vom Aussterben bedroht. Inzwischen konnte er sich wieder etwas regenerieren.

Gewicht der erwachsenen Tiere	Hahn 2,5–3,0 kg Henne 2,5–3,25 kg
Ø Legeleistung pro Jahr	170–180 Eier
Farbe der Eischale	weiß

Gauloise-Dorée-Henne mit Küken

Sachsenhuhn

HERKUNFT: Das Sachsenhuhn wurde des Ende 19. Jahrhunderts im Erzgebirge sowie in Oberbayern gezüchtet. Als Ausgangsrassen für die Zucht dienten schwarze Langschans, Minorkas und Sumatrahühner. Bis zum Jahre 1923 gab es von Sachsenhühnern nur den schwarzen Farbschlag. Später wurden zur Verbesserung der Eigenschaften sowie der Farbenvielfalt noch Italiener, Deutsche Reichshühner, Leghorns, Rheinländer sowie Orpingtons eingekreuzt.

RASSETYPISCHE MERKMALE: Eine Rasse mit lang gestrecktem Rumpf und mittelhohem Stand. Die Hennen haben einen sognannten Tütenschwanz, der sich zum Ende hin fast zipfelartig verjüngt. Charakteristisch sind der Einzelkamm, die mittelgroßen Kehllappen und die weißen Ohrscheiben. Sachsenhühner zeichnen sich durch ihre Robustheit und gute Anpassungsfähigkeit aus. Sie sind frühreife Hühner, die die Nahrung sehr gut verwerten.

FARBSCHLÄGE: Gelb, gesperbert, gestreift, schwarz sowie weiß; landläufig werden diese Hühner auch nach ihren jeweiligen Farbschlag benannt, z. B. als Gelbe oder Schwarze Sachsen. Am häufigsten wird noch der schwarze Schlag gehalten; am seltensten begegnet man dagegen gesperberten sowie gestreiften Exemplaren.

BESONDERHEITEN: Der Bruttrieb ist bei den Sachsenhühnern nicht besonders stark ausgeprägt. In ihrem Bestand ist diese Rasse genauso gefährdet wie die eng verwandten Zwerg-Sachsenhühner.

Das Sachsenhuhn gehört zu den in seinem Bestand stark gefährdeten Rassen.

Gewicht der erwachsenen Tiere	Hahn 2,5–3,0 kg Henne 2,0–2,5 kg
Ø Legeleistung pro Jahr	170–180 Eier
Farbe der Eischale	hellgelb bis gelbbraun

Vorwerkhühner gibt es nur in der sogenannten Lakenfelder-Zeichnung.

Vorwerkhuhn

HERKUNFT: Diese Anfang des 20. Jahrhunderts in Hamburg entstandene Rasse wurde nach ihrem Züchter, Oskar Vorwerk, benannt. Sein Ziel war es, Hühner zu züchten, die nicht so schnell schmutzig wirkten. Als Ausgangsrassen für seine Züchtung verwendete Oskar Vorwerk Lakenfelder, Orpingtons, Ramelsloher und Andalusier.

RASSETYPISCHE MERKMALE: Diese weitgehend anspruchslosen, robusten Hühner weisen einen kräftigen Körperbau auf. Sie besitzen einen Einzelkamm sowie weiße Ohrscheiben und ihr Schwanzgefieder ist relativ kurz.

FARBSCHLÄGE: Vorwerkhühner gibt es nur in der sogenannten Lakenfelder Zeichnung, das heißt schwarzes Kopf- und Halsgefieder sowie einige ebenso gefärbte Schwanzfedern. Das restliche Gefieder ist einheitlich braungelb.

BESONDERHEITEN: Nach dem Zweiten Weltkrieg war die Rasse fast ausgestorben. Sie konnte sich jedoch erholen und ist heute in ihrem Bestand nicht mehr gefährdet. Vorwerkhühner haben sich als gute Flieger erwiesen. Im Vergleich zu vielen anderen Rassen legen Vorwerkhühner auch in der kalten, dunklen Jahreszeit recht gut. Vom Vorwerkhuhn existiert auch eine Zwiehuhn-Zwergrasse, bei der die Hähne 1,1 kg und die Hennen knapp 0,9 kg wiegen.

Gewicht der erwachsenen Tiere	Hahn 2,5–3,0 kg
	Henne 2,0–2,5 kg
Ø Legeleistung pro Jahr	170 Eier
Farbe der Eischale	gelblich

Vorwerkhühner sind sehr anspruchslos.

Welsumer

HERKUNFT: Welsumer sind eine um 1920 in den Niederlanden entstandene Rasse, zu deren Zucht unter anderem Orpingtons, Malaien und Brahmas als Kreuzungspartner Verwendung fanden.

RASSETYPISCHE MERKMALE: Diese Rasse besitzt einen großen, tief gezackten Einzelkamm und lange Kehllappen. Der Stand ist mittelhoch. Der Körper wirkt kräftig und recht kompakt. Typisch für die Hennen ist ein breiter Hinterleib.

FARBSCHLÄGE: blau-rebhuhnfarbig, perlgrau, rebhuhnfarbig, rot-wildfarbig, orangefarbig

BESONDERHEITEN: Im Vergleich zu den Eiern vieler anderer Rassen sind die der Welsumer besonders groß und wiegen oft 75 bis 80 g. Für die Zucht sollte man nicht die besonders dunkelschaligen Eier am Anfang der Legeperiode auswählen, weil sie oft von den später am schlechtesten legenden Hennen stammen. Besser ist es, einige Wochen zu warten und dann die etwas helleren Eier zu verwenden, die fast immer von den besten Legerinnen stammen. Von den Welsumern existiert eine Zwergform, bei welcher die Hähne bis 1,2 kg und die Hennen bis 1,0 kg wiegen.

Typisch für Welsumer-Hähne ist das hoch getragene, jedoch recht kurze Schwanzgefieder.

Welsumer-Hennen

Gewicht der erwachsenen Tiere	Hahn	3,0–3,5 kg
	Henne	2,0–2,5 kg
Ø Legeleistung pro Jahr		160 Eier
Farbe der Eischale		dunkelbraun

Wyandotte-Henne

Wyandotte

HERKUNFT: US-amerikanische Rasse, die man aus Sebrights und Cochins erzüchtete; zur weiteren Stabilisierung der Rasse sowie zum Entstehen der Farbschläge wurden Paduaner, Chittagongs, Plymoth Rocks, Italiener, Langschans, Cochins, Orpingtons und Hamburger eingekreuzt. Die Rassebezeichnung rührt von dem Indianerstamm der Huronen her, die sich selbst Wyandot nannten. Aufgrund ihres üppigen Daunengefieders wirken diese Hühner größer und massiger, als sie eigentlich sind.

RASSETYPISCHE MERKMALE: Diese robuste, wetterfeste Rasse hat eine nur sehr geringe Neigung zum Fliegen, einen rundlichen, hoch getragenen Schwanz und einen mittelhohen Stand. Ein insgesamt sehr kompakt wirkender Körper mit kräftiger breiter Brust, die vorgewölbt getragen wird. Charakteristisch sind der Rosenkamm, die langen Kehllappen und die roten Ohrscheiben. Wyandotten haben ein ruhiges Wesen und sind sehr anhänglich.

FARBSCHLÄGE: birkenfarbig, blau, blau-rebhuhnfarbig, blau-silberfarbig, braun-gebändert, braun-porzellanfarbig, gelb, gelb-blaucolumbia, gelb-schwarzcolumbia, gelb-gesperbert, gold-blaugesäumt, gold-halsig, gold-schwarzgesäumt, gold-weiß-gesäumt, kennsperberfarbig, lachsfarbig, orange, orangegebändert, rebhuhnfarbig, rebhuhnfarbig-gebändert, rot, schwarz, schwarz-weißgescheckt, silberfarbig-gebändert, silberhalsig, silber-schwarz-gesäumt, weiß, weiß-blaucolumbia, weiß-schwarzcolumbia

BESONDERHEITEN: Als Glucken brüten die Wyandotten zuverlässig und führen ihre Küken äußerst umsichtig. Aufgrund ihres Gewichts sind die Wyandotten ziemlich schlechte Flieger. Von den Wyandotten existiert eine Zwergrasse (siehe dort).

Gewicht der erwachsenen Tiere	Hahn 3,0 – 3,75 kg Henne 2,5 – 3,0 kg
Ø Legeleistung pro Jahr	180 Eier
Farbe der Eischale	gelb bis dunkelbraun

Wyandotte-Hahn

Shamo

HERKUNFT: Die Bezeichnung Shamo ist japanisch und bedeutet einfach nur Kämpfer. Die Angaben zur Herkunft dieser Rasse sind widersprüchlich. So werden sowohl Japan, das alte Thailand (Siam) als auch China als das ursprüngliche Zuchtland angegeben. Um 1880 gelangten die ersten Shamos nach Europa.

RASSETYPISCHE MERKMALE: In gewisser Weise erinnert diese Rasse ein wenig an Truthennen. Shamos besitzen einen nahezu senkrechten Körperbau, mit einer im Vergleich zu anderen Hühnerrassen eher spärlichen Befiederung. Die Brust ist breit und extrem muskulös. Shamos besitzen einen Erbsenkamm. Im Gegensatz zu den Hähnen, die sehr kleine Kehllappen haben, fehlen diese bei den Hennen. Die Hähne sind sowohl zu Vertretern der eigenen Rasse als auch gegen jeden anderen Hahn extrem aggressiv. Aus diesem Grund kann man sie nur mit Hennen vergesellschaften. Allerdings sind auch Shamo-Hennen, wenngleich in abgeschwächter Form, ebenfalls deutlich aggressiver als die Vertreterinnen der meisten anderen Hühnerrassen.

FARBSCHLÄGE: birkenfarbig, blau, blaugesäumt, blau-rot, blau-wildfarbig, braun, gesperbert, goldhalsig, orangebrüstig, rotgesattelt, rotporzellanfarbig, schwarz, schwarz-rot, schwarz-silber, schwarz-weißgeflockt, silber-wildfarbig, weiß, weiß-schwarzgescheckt, wildfarbig, wildfarbig-silberhalsig

BESONDERHEITEN: Der Bruttrieb der Hennen ist sehr gut. Aufgrund ihres hohen Gewichtes zerbrechen während der Brut häufig einige Eier. Wenn sie bereits als Küken oder Jungtiere erworben wurden, verhalten sich Shamos zu ihrem Pfleger weitgehend zutraulich.

Imposanter Shamo-Hahn

Shamo-Hahn und -Henne (im Hintergrund)

Gewicht der erwachsenen Tiere	Hahn mind. 4 kg Henne mind. 3 kg
⌀ Legeleistung pro Jahr	80 Eier
Farbe der Eischale	bräunlich

Man sieht es den Appenzeller Spitzhauben nicht unbedingt an, dass sie vorzügliche Kletterer sind.

Appenzeller Spitzhaube

HERKUNFT: Die Heimat dieser Rasse ist das Appenzeller Land in der Schweiz, wo man sie landessprachlich auch als Gässerschnäpfli und Tschüpperli bezeichnet. Obwohl diese Rasse erst 1952 offiziell anerkannt wurde, soll sie bereits seit den 15. Jahrhundert in Klöstern gezüchtet worden sein. Bis zur Gegenwart sind sehr wahrscheinlich mehrfach Einkreuzungen von Brabantern, La Flèches und Crève-Coeurs erfolgt.

RASSETYPISCHE MERKMALE: Die auffälligsten Merkmale sind der aus Federn bestehende Kopfschmuck sowie der Hörnchenkamm, der auch durch sehr strenge Fröste fast nie geschädigt wird. Weiterhin besitzen die Appenzeller Spitzhauben bläulich-weiße Ohrscheiben und mittellange Kehllappen. Der Körper erscheint walzenförmig und die Brust ist kräftig gewölbt. Es handelt sich um eine sehr langlebige und extrem robuste Hühnerrasse. So übernachten diese Hühner gern im Freiland auf Bäumen (auch im Winter). Außerdem sind sie gegenüber den meisten Krankheiten sehr resistent.

FARBSCHLÄGE: blau, chamois-weißgetupft, gold-schwarzgetupft, schwarz, schwarzgetupft, silber-schwarzgetupft, weiß

BESONDERHEITEN: Appenzeller Spitzhühner sind sehr agile Hühner, die auch auf felsigem Untergrund ausgezeichnet klettern können und gern fliegen. Allerdings zeigen sie nur eine sehr geringe Brutbereitschaft.

Gewicht der erwachsenen Tiere	Hahn 1,5–1,8 kg Henne 1,2–1,5 kg
Ø Legeleistung pro Jahr	150–200 Eier
Farbe der Eischale	weiß

Brahma

HERKUNFT: Bei den Bahmas handelt es sich um eine indische Rasse, die erstmalig im Jahre 1852 nach Europa eingeführt wurde. Anfangs wurden diese Importe noch als Shanghai und Chittagong bezeichnet, bevor sich später der Name Brahma durchsetzte. Sehr wahrscheinlich entstanden die Brahmas, indem man Cochin und Malaien-Hühner kreuzte.

RASSETYPISCHE MERKMALE: Brahmas sind sehr ruhige, friedliche Hühner, die sich leicht zähmen lassen. Sie besitzen eine breite, tief gestreckte vollfleischige Brust und stark befiederte, jedoch relativ kurze Beine. Sowohl der Kopf als auch der darauf befindliche Erbsenkamm wirken im Verhältnis zum übrigen Körper schon fast zierlich.

FARBSCHLÄGE: blau, blau-rebhuhnfarbig-gebändert, blau-silberfarbig-gebändert mit Orangerücken, gelb-blaucolumbia, gelb-schwarzcolumbia, rebhuhnfarbig-gebändert, schwarz-silberfarbig-gebändert, weiß-schwarzcolumbia

BESONDERHEITEN: Brahma-Hennen zeigen einen ausgeprägten Bruttrieb und werden deshalb gern als Ammenglucken genutzt. Vom Brahma existiert auch eine Zwergrasse (siehe dort).

Ganz typisch für Brahmas sind die stark befiederten Beine.

Imposanter Brahma-Hahn

Bereits als Küken zeigen Brahmas die typische Beinbefiederung.

Gewicht der erwachsenen Tiere	Hahn 3,5 – 5,0 kg Henne 3,0 – 4,5 kg
Ø Legeleistung pro Jahr	150 Eier
Farbe der Eischale	gelbbraun bis gelbrot

Cochin

HERKUNFT: Das ursprüngliche Zuchtgebiet der Rasse Cochin befand sich in Teilen des heutigen Vietnams und Kambodschas. Diese Region wurde früher als Cochinchina bezeichnet.

RASSETYPISCHE MERKMALE: Enorm große, massige Hühner, die zu den schwersten Rassen der Welt gehören, allerdings wachsen diese Tiere recht langsam. Sie haben einen niedrigen Stand und stark befiederte Beine. Ein rassetypisches Merkmal ist der Einzelkamm.

FARBSCHLÄGE: blau, gelb, gesperbert, rebhuhnfarbig-gebändert, schwarz, schwarz-weißgescheckt, weiß

BESONDERHEITEN: Cochins werden verhältnismäßig selten gehalten, weshalb ihre Bestandserhaltung als gefährdet anzusehen ist. Insbesondere der gelbe Farbschlag neigt bei intensiver Sonneneinstrahlung als auch bei häufigem Regen zum Ausbleichen. Aufgrund ihrer Masse können Cochins nicht fliegen, weshalb sich die Sitzstangen im Stall möglichst nur 40 bis 50 cm über dem Erdboden befinden sollten. Außerdem genügt für die Haltung eine sehr niedrige Einfriedung. Es handelt sich um eine ruhige, leicht zu zähmende Rasse, die schnell zutraulich wird. Vom Cochin existiert auch eine Zwergrasse, bei der die Hähne 0,85 kg und die Hennen 0,75 kg schwer werden.

Eine wichtiges Unterscheidungsmerkmal zwischen Brahma- und Cochin-Hähnen ist die Kammform. Während erstere einen Erbsenkamm besitzen, haben Cochins einen großen, fahnenartigen Einzelkamm.

Gewicht der erwachsenen Tiere	Hahn 3,5 – 5,5 kg
	Henne 3,0 – 4,5 kg
Ø Legeleistung pro Jahr	120 Eier
Farbe der Eischale	braungelb

Holländisches Haubenhuhn

HERKUNFT: Das Holländische Haubenhuhn ist eine alte niederländische Rasse, die vermutlich schon seit dem 15. Jahrhundert existiert.

RASSETYPISCHE MERKMALE: Im Vergleich zu den Paduanern, die ebenfalls zur Gruppe der Hauben-hühner gehören, besitzen die Holländischen Hauben-hühner nur eine schwache Bartbefiederung. Die Kehl-lappen sind gut sichtbar, während der Kamm von der Haube bedeckt wird. Beide Geschlechter lassen sich am besten anhand von Haube, Schwanz und Beinen unterscheiden, die bei den Hähnen fülliger sind. Es handelt sich um eine sehr agile Rasse, die trotz-dem sehr zutraulich wird. Ein Bruttrieb ist bei den Holländischen Haubenhühnern nicht vorhanden, sodass man ihre Eier künstlich erbrüten oder einer Ammenglucke unterscheiben muss.

FARBSCHLÄGE: blau-gesäumt, blau-weißgescheckt, chamois-weißgesäumt, gelb, gesperbert, schwarz, schwarz-weißgescheckt, weiß

BESONDERHEITEN: Die Hähne streiten nie miteinan-der. Außerdem verträgt sich diese Rasse sehr gut mit anderen Hühnern. Das dichte Kopfgefieder der Tiere sollte regelmäßig auf Parasitenbefall kontrolliert wer-den. Es wurde auch ein Holländisches Zwerg-Hauben-huhn gezüchtet, dessen Hähne bis 0,55 kg und die Hühner bis 0,45 kg schwer werden.

Diese Hühnerrasse gibt es mit gefiederfarbigen, weißen und schwarzen Hauben.

Gewicht der erwachsenen Tiere	Hahn 1,5–2,0 kg Henne 1,0–1,5 kg
Ø Legeleistung pro Jahr	140 Eier
Farbe der Eischale	weiß

Kopfportrait eines Nackthalshahns

Gewicht der erwachsenen Tiere	Hahn	2,5–3,0 kg
	Henne	2,0–2,5 kg
Ø Legeleistung pro Jahr		180 Eier
Farbe der Eischale		weiß

Nackthalshuhn

HERKUNFT: Die Rasse ist sehr wahrscheinlich in Österreich-Ungarn entstanden, wo diese Landhühner erstmals Mitte des 19. Jahrhunderts in Wien der Öffentlichkeit vorgestellt wurden. Später wurde sie in Rumänien und Österreich noch weiter konsolidiert. Man geht davon aus, dass in den Adern des Nackthalshuhns unter anderem auch Malaien- und Cochinblut fließt.

RASSETYPISCHE MERKMALE: Unverkennbar sind der nackte, leuchtend rote Hals sowie der weitgehend unbefiederte Kopf, bei dem sich lediglich noch auf dem Hinterhaupt einige Restfedern befinden. Nackthalshühner können sowohl einen Rosen- als auch einen Einzelkamm besitzen. Des Weiteren haben diese Tiere sehr lange Kehllappen, einen niedrigen Stand und einen walzenförmigen, lang gestreckten Rumpf. Bei manchen Exemplaren befindet sich an der Vorderseite des Halses eine sogenannte Federkrawatte.

FARBSCHLÄGE: blau-gesäumt, braun, braun-porzellanfarbig, gelb, gesperbert, mahagonifarbig, rebhuhnfarbig, rot, schwarz, schwarz-weißgeflockt, weiß

BESONDERHEITEN: Nackthalshühner sind sehr robust, wetterfest und frohwüchsig. Allerdings ist ihr Bruttrieb nur gering ausgeprägt. Bei Kreuzungen mit anderen Hühnerrassen wird die Nackthalsigkeit dominant weitervererbt. Vom Nackthalshuhn existiert eine Zwergrasse (siehe dort).

Nackthalshühner, Hahn und Henne

Paduaner

HERKUNFT: Die Paduaner sind eine sehr alte italienische Rasse, die seit mindestens 500 Jahren gezüchtet wird. Sie gehören, wie anhand der üppigen Kopfbefiederung unschwer ersichtlich ist, zur Gruppe der Haubenhühner. Eine intensive Verbreitung erfuhr diese Rasse jedoch erst im 18. Jahrhundert.

RASSETYPISCHE MERKMALE: Beim Hahn ist das Kopfgefieder noch üppiger und wirkt im Unterschied zu dem der Henne immer ein wenig zerzaust. Beide Geschlechter besitzen einen kräftig entwickelten Kinnbart. Der Kamm und Kehllappen fehlen oder sind nur angedeutet. Außerdem verdecken der Bart und die Haube die Ohrscheiben gänzlich. Paduaner haben sich als ruhige und sehr zutrauliche Hühner erwiesen.

FARBSCHLÄGE: blau, blau-gesäumt, chamois-weiß-gesäumt, gesperbert, gold-schwarzgesäumt, grau, perlgrau, schwarz, silber-schwarzgesäumt, weiß

BESONDERHEITEN:
Die Hennen legen auch im Winterhalbjahr sehr gut. Von den Paduanern gibt es eine Zwergrasse, bei der die Hähne bis 0,8 kg und die Hühner bis 0,7 kg schwer werden.

Kopfportrait eines Paduaner-Hahns

Paduaner-Henne

Gewicht der erwachsenen Tiere	Hahn 2,0−2,5 kg
	Henne 1,5−2,0 kg
Ø Legeleistung pro Jahr	120 Eier
Farbe der Eischale	weiß

Phönix

HERKUNFT: Es handelt sich um eine recht seltene gepflegte japanische Rasse, die in Europa züchterisch noch weiter bearbeitet wurde.

RASSETYPISCHE MERKMALE: Im Vergleich zu anderen Rassen ist auch das Schwanzgefieder der Hennen relativ lang, ohne dass sie jedoch nur ansatzweise mit den schleppenartigen Schwanzfedern der Hähne konkurrieren können. Charakteristisch ist der Einzelkamm. Die Kehllappen werden bei den Hähnen mittelgroß. Außerdem ist bei ihnen die große weiße Ohrscheibe sehr auffällig. Gegenüber Menschen, die sie gut kennen, verhalten sich Phönixe zumeist sehr zutraulich.

FARBSCHLÄGE: goldhalsig, goldrot mit schwarzem Schwanz, orangehalsig, silberhalsig, silberhalsig mit orangem Rücken, weiß, wildfarbig

BESONDERHEITEN: Damit das herrliche Schwanzgefieder der Hähne nicht verschmutzt, muss im Stall strengste Sauberkeit vorherrschen. Außerdem sollte der großflächige Auslauf möglichst eine geschlossene Grasnarbe aufweisen, die sich ebenfalls förderlich auf die Schönheit und Schonung des Schwanzgefieders auswirkt.

Stolz trägt dieser Hahn sei Gefieder zur Schau.

Linke Seite:
Majestätisch stolzierender Paduaner-Hahn

Gewicht der erwachsenen Tiere	Hahn 1,5–2 kg Henne 1,2–1,6 kg
Ø Legeleistung pro Jahr	100 Eier
Farbe der Eischale	weißgelblich

Seidenhahn

Seidenhuhn

HERKUNFT: Gelegentlich wird diese Rasse, die bereits vor mehr als 1000 Jahren im alten China gehalten wurde, auch als Woll-, Fell- oder Gauklerhuhn bezeichnet. Als die ersten Seidenhühner im Mittelalter nach Europa gelangten, wurden sie auf Jahrmärkten von Scharlatanen als Kreuzungen aus Hühnern und Kaninchen angepriesen.

RASSETYPISCHE MERKMALE: Optisch wirkt das Gefieder dieser Hühner fast wie ein weiches, plüschähnliches Fell. Diese Rasse hat einen niedrigen Stand, befiederte Beine sowie einen fast an eine Maulbeere erinnernden Rosenkamm. Des Öfteren wird auch ein Bart ausgebildet. Im Unterschied zu den meisten anderen Rassen (vier Zehenpaare) besitzen die Seidenhühner ein fünftes Zehenpaar und eine blauschwarze Haut. Seidenhühner werden handzahm und lassen sich von vertrauten Personen sogar gern streicheln.

FARBSCHLÄGE: blau, gelb, gesperbert, perlgrau, rot, schwarz, silber-wildfarbig, weiß, wildfarbig

BESONDERHEITEN: Seidenhühner fliegen nicht und die Hennen sind hervorragende Glucken. Vom Seidenhuhn existiert eine Zwergrasse (siehe dort).

Seidenhenne mit dem typischen, fast perückenartigen Kopfgefieder

Seidenhühner im Freiland

Kopfportrait eines Seidenhahns

Gewicht der erwachsenen Tiere	Hahn 1,4–1,7 kg Henne 1,1–1,4 kg
Ø Legeleistung pro Jahr	80 Eier
Farbe der Eischale	hellbraun

Yokohama

HERKUNFT: Diese Rasse gelangte 1864 von Japan über Paris nach Deutschland, wo sie in den folgenden Jahrzehnten ihren züchterischen „Feinschliff" erhielt. Deshalb kann man die Yokohamas auch als eine japanisch-deutsche Koproduktion ansehen.

RASSETYPISCHE MERKMALE: Die Yokohamas bestechen durch ihre Anmut und Eleganz. Das lange, schleppenartige Schwanzgefieder wird nur bei den Hähnen ausgebildet. Des Weiteren sind der fast unscheinbare Wulstkamm, die kleinen Kehllappen sowie die weißen Ohrscheiben für diese Rasse charakteristisch. Yokohama-Hennen sind gute Glucken, die nach der Brut auch die Küken sehr zuverlässig führen.

FARBSCHLÄGE: Rot-weiß (wobei Rot ein rotbrauner Farbton ist) und weiß; früher wurde der rot-weiße Schlag auch als rotsattlig-weiß bezeichnet.

BESONDERHEITEN: Um das attraktive Schwanzgefieder zu erhalten, benötigen die Yokohamas hohe Sitzstangen mit einem möglichst 80 cm tiefer angebrachten Kotbrett. Am wohlsten fühlt sich diese winterharte, robuste Rasse in weiträumigen Ausläufen, die mit einigen Büschen und/oder kleinen Bäumen ausgestattet sind. In den Yokohamas ist noch viel Kämpferblut enthalten. Deshalb kann es vorkommen, dass sich die Hähne auch gegenüber vertrauten Personen recht dominant, mitunter sogar aggressiv verhalten. Yokohamas gibt es auch als Zwergrasse, deren Farbschlagspektrum mit dem der Großrasse identisch ist. Die Hähne dieser Zwerge wiegen 0,7 kg und die Hennen 0,6 kg.

Das Schwanzgefieder eines Yokohama-Hahns erinnert ein wenig an das eines Pfaus oder Fasans.

Gewicht der erwachsenen Tiere	Hahn 2,0–2,5 kg
	Henne 1,3–1,8 kg
Ø Legeleistung pro Jahr	75–90
Farbe der Eischale	rötlichgelb bis gelb

Zwerg-New Hampshires gehören zu den sehr weitverbreiteten Zwergrassen.

Zwerg-New Hampshire

HERKUNFT: Die Zwerg-New Hampshires wurden wahrscheinlich in den Niederlanden erzüchtet und sind inzwischen in sehr vielen Ländern verbreitet.

RASSETYPISCHE MERKMALE: Im Vergleich zur großen New-Hampshire-Verwandtschaft ist bei den Zwerg-New Hampshires der Kopf relativ groß geraten. Insgesamt wirkt der Körper sehr massig und kompakt. Diese Zwerge besitzen einen gut gezackten Einzelkamm und lange Kehllappen. Die Ohrscheiben sind rot. Bei den New Hampshires handelt es sich um eine ruhige, frohwüchsige Rasse, die sehr anhänglich wird, aber nur eine mäßige Brutbereitschaft zeigt.

FARBSCHLÄGE: blau-goldbraun, goldbraun, weiß

BESONDERHEITEN: Aufgrund der extremen Ähnlichkeit ist es nahezu unmöglich, den weißen Farbschlag der Zwerg-New Hampshires von weißen Zwerg-Barnevéldern zu unterscheiden.

Gewicht der erwachsenen Tiere	Hahn 1,1 kg Henne 0,9 – 1,0 kg
Ø Legeleistung pro Jahr	140 – 145 Eier
Farbe der Eischale	braun

Zwerg-Rhodeländer

HERKUNFT: Sehr wahrscheinlich wurden die Zwerg-Rhodeländer zunächst in Großbritannien und kurze Zeit später auch in Deutschland erzüchtet.

RASSETYPISCHE MERKMALE: Ähnlich wie ihre großen Vettern besitzen auch die Zwerg-Rhodeländer einen sehr kompakten, fast rechteckigen Körperbau mit einer gut vorgewölbten Brustregion. Es kommen sowohl Exemplare mit Einzel- als auch Rosenkämmen vor. Eine sehr ruhige, schnell zahm werdende Rasse.

FARBSCHLÄGE: rot (dunkel, oft schon ins Schwarze tendierend), weiß

BESONDERHEITEN: Zwerg-Rhodeländer haben sich auch während der Wintermonate als sehr zuverlässige Leger erwiesen.

Zwerg-Rhodeländer gehören zu den Rassen, die auch im Winter noch sehr zuverlässig legen.

Zwerg-Rhodeländer-Huhn

Gewicht der erwachsenen Tiere	Hahn	1,0–1,2 kg
	Henne	0,9–1,0kg
Ø Legeleistung pro Jahr	180 Eier	
Farbe der Eischale	hellbraun	

Stattlicher Zwerg-Orpington-Hahn

Zwerg-Orpington

HERKUNFT: Die Rasse entstand Anfang des 20. Jahrhunderts in Deutschland. Dafür wurden Orpingtons mit Zwerg-Cochins und Zwerg-Javahühnern verpaart. Um eine große Farbenvielfalt zu erreichen, kreuzte man später noch Zwerg-Langschans und Zwerg-Wyandotten ein.

RASSETYPISCHE MERKMALE: Zwerg-Orpingtons besitzen einen fast würfelartig anmutenden, kräftigen Körper. Ihr Stand ist niedrig, der Einzelkamm weist eine leichte Zackung auf und die Kehllappen sind lang. Es handelt sich um eine robuste, im Wesen sehr ruhig Rasse, die kaum Neigung zum Fliegen verspürt. Die Hähne krähen wenig und zudem noch sehr leise.

FARBSCHLÄGE: birkenfarbig, blau-gesäumt, braunporzellanfarbig, gelb, gelb-schwarzcolumbia, gelb-schwarzgesäumt, perlgrau, perlgrau-blaugescheckt, schokoladenbraun, rebhuhnfarbig-gebändert, rot, schwarz, schwarz-weißgescheckt, silber-schwarzgesäumt, weiß, weiß-schwarzcolumbia

BESONDERHEITEN: Die Hennen weisen nicht nur gute Muttereigenschaften auf, sondern legen auch im Winterhalbjahr recht zuverlässig.

Gewicht der erwachsenen Tiere	Hahn 1,1 – 1,3 kg Henne 1,0 – 1,1 kg
Ø Legeleistung pro Jahr	110 Eier
Farbe der Eischale	hellbraun

Zwerg-Sussex

HERKUNFT: Das Zwerg-Sussex ist eine in Großbritannien gezüchtete Rasse, die in den 20er-Jahren des vorigen Jahrhundert erstmalig der Öffentlichkeit präsentiert wurde.

RASSETYPISCHE MERKMALE: Mittelhoher Stand und ein nahezu rechteckigert Körperumriss, dessen Rumpf weit nach vorn geschoben ist. Der Rücken ist lang gestreckt. Auf dem Kopf befindet sich ein mittelgroßer Einzelkamm und auch die Kehllappen sind nicht übermäßig groß. Die Hennen zeigen sich sehr brutwillig und führen die Küken zuverlässig. Die Hähne tragen das recht kurze Schwanzgefieder nach oben, wobei die Sichelform nur schwach ausgeprägt ist.

FARBSCHLÄGE: braun-porzellanfarbig, bunt, columbia, gelb-schwarzcolumbia, grausilberfarbig, lachsfarbig, rot-porzellanfarbig, rot-schwarzcolumbia, weiß, weiß-blaucolumbia, wildfarbig

BESONDERHEITEN: Es handelt sich um eine ruhige, friedliche Zwergrasse, die sich leicht zähmen lässt und sehr zutraulich wird. Trotz ihres relativ geringen Gewichts liefern diese Hühner sehr viel Fleisch von hoher Qualität.

Zwerg-Sussex haben sich als ruhige und sehr friedliche Hühner erwiesen.

Gewicht der erwachsenen Tiere	Hahn	1,1 kg
	Henne	0,9 kg
Ø Legeleistung pro Jahr		150 Eier
Farbe der Eischale		gelb

Um die Zucht der Zwerg-Barnevelder haben sich vor allem deutsche Geflügelhalter sehr verdient gemacht.

Zwerg-Barnevelder

HERKUNFT: Im Unterschied zu den Barneveldern, die in den Niederlanden entstanden sind, erfolgte die Züchtung ihrer Miniaturausgabe in Deutschland und Großbritannien. In Deutschland fand außerdem eine züchterische Stabilisierung statt, indem Zwerg-Rhodeländer, Zwerg-Wyandotten, Zwerg-Langschans und einige rasselose Hühner eingekreuzt wurden.

RASSETYPISCHE MERKMALE: Auffällig sind bei den Zwerg-Barneveldern die breite Brust sowie der trotz ihrer geringen Größe geräumig wirkende Körper.

FARBSCHLÄGE: blau, blau-doppelgesäumt, braun-blau-doppelgesäumt, braun-schwarz-doppelgesäumt, dunkelbraun, kennfarbig, schwarz, silber-schwarz-doppelgesäumt, weiß

BESONDERHEITEN: Es handelt sich um ruhige, zutrauliche Hühner. Aufgrund ihrer Robustheit und Anspruchslosigkeit eignen sie sich sehr gut für Anfänger.

Gewicht der erwachsenen Tiere	Hahn	1,0 – 1,2 kg
	Henne	0,8 – 1,0 kg
Ø Legeleistung pro Jahr	120 – 150	
Farbe der Eischale	dunkelbraun	

Zwerg-Wyandotte

HERKUNFT: Diese in den USA entstandene Rasse gehört zu den beliebtesten Zwerghühnern weltweit, was sicherlich auch an der großen Vielfalt der Farbschläge liegt.

RASSETYPISCHE MERKMALE: Rundlicher Körperbau mit hoch getragenem Schwanz; die Tiere besitzen einen Rosenkamm und lange Kehllappen; eine sehr robuste Rasse.

FARBSCHLÄGE: birkenfarbig, blau, blau-rebhuhnfarbig, blau-silberfarbig, braungebändert, braun-porzellanfarbig, gelb, gelb-blaucolumbia, gelb-schwarzcolumbia, gelb-gesperbert, gold-blaugesäumt, goldhalsig, gold-schwarzgesäumt, gold-weißgesäumt, kennsperberfarbig, lachsfarbig, orange, orangegebändert, rebhuhnfarbig, rebhuhnfarbig-gebändert, rot, schwarz, schwarz-weißgescheckt, silberfarbig-gebändert, silberhalsig, silber-schwarzgesäumt, weiß, weiß-blaucolumbia, weiß-schwarzcolumbia

BESONDERHEITEN: Sehr ruhige, leicht zu vergesellschaftende Rasse, deren Hennen sich aufgrund der hervorragenden Muttereigenschaften auch gut als Ammenglucken eignen.

Genau wie die Großrasse wurden auch die Zwerg-Wyandotten in den USA erzüchtet.

Zwerg-Wyandotte-Küken

Gewicht der erwachsenen Tiere	Hahn 1,2 kg Henne 1,0 kg
Ø Legeleistung pro Jahr	160 Eier
Farbe der Eischale	cremefarben bis hellbraun

Moderne Englische Zwergkämpfer haben einen sehr hohen Stand.

Gewicht der erwachsenen Tiere	Hahn	0,6 kg
	Henne	0,5 kg
Ø Legeleistung pro Jahr	80 Eier	
Farbe der Eischale	hellbraun	

Moderner Englischer Zwergkämpfer

HERKUNFT: Die Rasse wurde um 1870 in Nordengland erzüchtet. Bemerkenswerterweise ist sie älter als die Altenglischen Zwergkämpfer. Als Basistiere für die Zucht dienten neben Modernen Englischen Kämpfern vor allem Indische Zwergkämpfer sowie Zwerg-Malaien.

RASSETYPISCHE MERKMALE: Mit ihren extrem langen Beinen muten die Modernen Englischen Zwergkämpfer fast wie Kreuzungen aus einem „normalen" Haushuhn und einem Storch oder Kranich an. Moderne Englische Zwergkämpfer besitzen eine breite Brust und eine knappe Bauchpartie. Das hoch getragene Schwanzgefieder wirkt insbesondere bei den Hähnen etwas zu kurz geraten. Charakteristisch sind der gut gezackte Einzelkamm sowie die mittellangen Kehllappen. Diese Rasse ist gleichermaßen neugierig wie furchtlos. Untereinander verhalten sich Junghähne des Modernen Englischen Zwergkämpfers nicht aggressiver als die von Nicht-Kämpferrassen.

FARBSCHLÄGE: birkenfarbig, blau, blau-birkenfarbig, blau-gesäumt, blau-goldhalsig, blau-orangebrüstig, blau-silberhalsig, gesperbert, goldhalsig, goldhalsig mit orangen Rücken, kennfarbig, kennsperberfarbig, orangebrüstig, rotgesattelt, schwarz, silberhalsig, silberhalsig mit orangen Rücken, weiß

BESONDERHEITEN: Bei den Hennen ist eine gut ausgeprägte Brutbereitschaft vorhanden. Allerdings eignen sie sich aufgrund ihrer langen Beine nicht sonderlich gut als Glucken. Ebenso ist es ratsam, die Tränk- und Fressgefäße für Moderne Englische Zwergkämpfer an einer erhöhten Stelle zu platzieren.

Chabo oder Japanisches Zwerghuhn

HERKUNFT: Die Chabos können auf eine mehrere Jahrhunderte umfassende Geschichte zurückblicken, die im heutigen China begann. Von dort gelangten die Ahnen der Chabos nach Japan, wo sie durch einen züchterischen Feinschliff ihre heutige Körperform erhielten. Im 16. Jahrhundert wurde diese Rasse schließlich auch nach Europa gebracht, wo sie sich rasch großer Beliebtheit erfreute.

RASSETYPISCHE MERKMALE: Von den Chabos existieren mehrere Varianten, die beispielsweise ein seidiges Gefieder und/oder Bärte haben. Sehr beliebt ist die Variante mit einem großen Kamm und langen Kehllappen. Zu den Gemeinsamkeiten, die alle Chabos aufweisen, gehören die verhältnismäßig kurzen Beine, mit denen sie nicht sonderlich schnell laufen können. Die Hähne der Chabos sind untereinander sehr verträglich.

FARBSCHLÄGE: Von den Chabos gibt es rund 25 Farbschläge. Beispielsweise existieren neben einfarbig blauen, schwarzen und weißen Tieren auch gesperberte, gold-porzellanfarbige, perlgraue mit weißen Tupfen, rebhuhnfarbig-gebänderte, silberhalsige und silber-weizenfarbige Individuen.

BESONDERHEITEN: Chabos sind schnell zutraulich und werden mit ein wenig Geduld sogar handzahm, wonach sie sich sogar problemlos streicheln lassen. Hähne und Hennen kümmern sich gemeinsam um die Küken. Ein Vorzug, den viele Hühnerhalter an den Chabos schätzen, besteht darin, dass die Hühner kaum scharren und deshalb die Grasnarbe im Auslauf kaum beschädigt wird. Leider sind die Chabos auch Träger eines genetischen Letalfaktors, welcher bewirkt, dass stets ein Teil der Küken bereits in den Eiern abstirbt.

Chabo-Hähne in verschiedenen Farbschlägen

Gewicht der erwachsenen Tiere	
Hahn	0,6–0,7 kg
Henne	0,5–0,6 kg

Ø Legeleistung pro Jahr	80–90
Farbe der Eischale	cremeweiß-beige

*Auch kleine Hähne können
große Kräher sein.*

*Henne und Hahn
der Federfüßigen Zwerghühner*

Federfüßiges Zwerghuhn

HERKUNFT: Diese Hühner leben – wenn auch nicht in reinrassiger Form – bereits seit mehreren Jahrhunderten in Europa und werden umgangssprachlich auch als Federfüßige Zwerge bezeichnet. Ihre genaue Herkunft ist nicht bekannt, aber zumindest steht fest, dass die Federfüßigen Zwerghühner eng mit den Chabos und den Zwergburmas verwandt sind. Deshalb geht man davon aus, dass sie aus Asien stammen. Die reinrassige Zucht der Federfüßigen Zwerge erfolgte in den Niederlanden, weshalb man sie in früheren Zeiten auch Niederländer nannte.

RASSETYPISCHE MERKMALE: Das typischste Merkmal diese Rasse sind, wie unschwer aus dem Namen hervorgeht, die stark befiederten Beine. Federfüßige Zwerge zeigen eine aufrechte Körperhaltung mit stark hervorgewölbter Brust. Die Tiere besitzen sowohl einen mittelgroßen Einzelkamm und als auch ebensolche Kehllappen. Insgesamt hat sich diese Rasse als sehr verträglich, robust und anfängerfreundlich erwiesen. Zudem lassen sich die Federfüßigen Zwerge auch leicht zähmen.

FARBSCHLÄGE: Federfüßige Zwerge gibt es in rund 30 Farbschlägen. Diese Palette erstreckt sich von gelb, rot, schwarz und weiß über gold-porzellanfarbig, zitronen-porzellanfarbig, blau-goldhalsig, silberhalsig, orangebrüstig bis zu gelb mit weißen Tupfen sowie perlgrau mit weißen Tupfen.

BESONDERHEITEN: Federfüßige Zwerghennen sind sehr gute Brüterinnen und führen ihre Küken vorbildlich. Flächen, auf denen sich ein hoher, womöglich sogar stark verfilzter Aufwuchs befindet, eignen sich nicht zur Haltung der Federfüßigen Zwerghühner, weil diese Tiere dann oft mit ihrem Beingefieder in dem Pflanzengewirr hängen bleiben. Dabei brechen häufig Federn ab.

Gewicht der erwachsenen Tiere	Hahn 0,7–0,75 kg Henne 0,6–0,65 kg
Ø Legeleistung pro Jahr	120 Eier
Farbe der Eischale	weiß bis bräunlich

Sebright

HERKUNFT: Es handelt sich um eine alte britische Rasse, die um 1800 entstand und nach ihrem Züchter, Sir John Sebright benannt wurde. Allerdings sind bis heute keine verlässlichen Dokumente bekannte, die eine exakte Auskunft über die Ausgangsrassen geben, die zur Zucht verwendet wurden. Stattdessen gibt es darüber nur Vermutungen.

RASSETYPISCHE MERKMALE: Die Sebrights besitzen einen gedrungenen Rumpf und eine vorgewölbte Brust. Das Schwanzgefieder ist auch bei den Hähnen recht kurz. Typisch sind der Rosenkamm und die mittelgroßen Kehllappen. Das Tragen der Flügel erfolgt zumeist ein wenig nach unten gesenkt. Sebrights sind agile, untereinander sehr verträgliche Hühner, die sich gut zähmen lassen. Allerdings ist für ihre erfolgreiche Vermehrung viel Wärme erforderlich. Zahlreiche Geflügelfreunde schätzen an den Sebrights, dass die Hähne im Vergleich zu anderen Rassen weniger laut krähen.

FARBSCHLÄGE: chamois-weißgesäumt, cremefarbig-braungesäumt, cremefarbig-graugesäumt gelb, gelb-weißgesäumt, gold, gold-schwarzgesäumt, schwarz, silber, silber-schwarzgesäumt, zitronenfarbig, zitronen-schwarzgesäumt

BESONDERHEITEN: Nachteilig ist, dass diese Hühner sehr anfällig für die Mareksche Lähme (auch als Mareksche Krankheit bezeichnet) sind. Besonders häufig wird dieses Krankheitsbild bei Erstlegerinnen beobachtet. Einmal ausgebrochen, endet diese Krankheit immer tödlich. Allerdings besteht die Möglichkeit, die Küken prophylaktisch zu impfen. Deshalb sollte man sich beim Erwerb dieser Rasse immer erkundigen, ob eine Impfung gegen die Mareksche Lähme bereits durchgeführt wurde.

Henne und Hahn

Gewicht der erwachsenen Tiere	Hahn 0,55–0,6 kg
	Henne 0,45–0,55 kg
Ø Legeleistung pro Jahr	80 Eier
Farbe der Eischale	weiß bis cremefarbig

Vom Zwerg-Brahma existieren zahlreiche Farbschläge.

Zwerg-Brahma

HERKUNFT: Zwerg-Brahmas entstanden etwa um 1870 in Großbritannien, indem Zwerg-Asils, Zwerg-Cochins und Federfüßige Zwerge mit Brahmas der Großrasse gekreuzt wurden. Sie sind eine heute in zahlreichen Ländern sehr populäre Rasse.

RASSETYPISCHE MERKMALE: Unter den Zwergen gehört diese Rasse zu den Schwergewichten, eine kräftige, sehr wuchtig wirkende Rasse mit breiter Brust und stark befiederten Beinen. Zwerg-Brahmas besitzen einen Rosenkamm und kleine Kehllappen. Die Neigung zum Fliegen ist sehr gering.

FARBSCHLÄGE: birkenfarbig, blau, blau-rebhuhnfarbig, blau-silberfarbig-gebändert mit orangem Rücken, gelb, gelb-blaucolumbia, gelb-schwarzcolumbia, gesperbert, orangebrüstig, perlgrau-silberfarbig, rebhuhnfarbig-gebändert, schwarz, silberfarbig-gebändert, weiß, weiß-blaucolumbia, weiß-schwarzcolumbia

BESONDERHEITEN: Hervorragende Muttereigenschaften; die Hennen brüten gut und führen ihre Küken umsichtig. Zwerg-Brahmas haben ein ruhiges Wesen, lassen sich leicht zähmen und werden sehr zutraulich.

Zwerg-Brahma-Glucke

Gewicht der erwachsenen Tiere	Hahn	1,2 – 1,4 kg
	Henne	1,1 – 1,3 kg
Ø Legeleistung pro Jahr		80 Eier
Farbe der Eischale		hellbraun

Zwerg-Nackthalshuhn

HERKUNFT: Die Rasse wurde 1935 in Deutschland erzüchtet, indem man Nackthalshühner mit verschiedenen Zwergrassen kreuzte.

RASSETYPISCHE MERKMALE: Diese Rasse besitzt große, tief gezackte Einzelkämme und lange Kehllappen. Es gibt zwei Typen von Nackthalszwergen, und zwar den siebenbürgischen und den französischen. Während beim ersten Typ der leuchtend rote Hals völlig nackt ist, hat der zweite eine kleine, auch als Lätzchen bezeichnete Krawatte.

FARBSCHLÄGE: blau-gesäumt, braun, braun-porzellanfarbig, gelb, gesperbert, mahagonifarbig, rebhuhnfarbig, rot, schwarz, schwarz-weißgeflockt, weiß

BESONDERHEITEN: Eine sehr robuste Rasse, die sich gut an unterschiedliche Wetterbedingungen anpasst. Diese Hühner werden leicht zahm und geraten häufiger als die großen Nackthalshühner in Brutstimmung. Allerdings ist es den Zwerg-Nackthalshennen aufgrund ihrer geringeren Befiederung kaum möglich, mehr als fünf bis sechs Eier zu bebrüten. Küken, die mit teilweise kahler Brust schlüpfen, sind im Rahmen des Rassestandards unerwünscht und werden von der Weiterzucht ausgeschlossen.

Farbenprächtiger Zwerg-Nackthalshahn

Gewicht der erwachsenen Tiere	Hahn 0,9 – 1,1 kg Henne 0,8 – 0,9 kg
Ø Legeleistung pro Jahr	120 Eier
Farbe der Eischale	weiß bis gelblich

Zwerg-Phönix

HERKUNFT: Diese Rasse wurde Anfang des 20. Jahrhunderts entwickelt, wobei als Kreuzungsrassen neben den Phönixen verschiedene Zwergrassen und Altenglische Zwergkämpfer dienten.

RASSETYPISCHE MERKMALE: Langer, schlanker, sehr elegant wirkender Körper mit üppigem Schwanzgefieder; der Brustbereich ist gewölbt. Die Zwerg-Phönixe besitzen einen Einzelkamm, mittellange Kehllappen und weiße Ohrscheiben. Ihr Stand ist mittelhoch.

FARBSCHLÄGE: blau-goldhalsig, gesperbert, goldhalsig, orangehalsig, schwarz, silberhalsig, weiß, wildfarbig

BESONDERHEITEN: Im Interesse der Erhaltung des üppigen Schwanzgefieders muss im Stall der Zwerg-Phönixe absolute Sauberkeit vorherrschen. Die Sitzstangen sollten so angebracht sein, dass die Schwänze weder mit den Wänden noch dem Fußboden Kontakt haben. Sehr viel tierisches Eiweiß im Futter stimuliert das Wachstum des Schwanzgefieders. Aus diesem Grund füttern manche Halter beispielsweise regelmäßig Mehlwürmer zu.

Hahn und Hennen des Zwerg-Phönix

Zwerg-Phönix-Hahn

Gewicht der erwachsenen Tiere	Hahn 0,8 kg Henne 0,7 kg
Ø Legeleistung pro Jahr	120 Eier
Farbe der Eischale	gelblich weiß

Zwerg-Seidenhuhn

HERKUNFT: Das Zwerg-Seidenhuhn ist eine niederländische Züchtung, die Mitte des 20. Jahrhunderts entstand.

RASSETYPISCHE MERKMALE: Aufgrund der Federstruktur wirkt der Körper dieser kleinen Hühner größer, als er eigentlich ist. Es handelt sich um eine leicht zu zähmende Rasse, die äußerst anhänglich wird und sich auch bei Kindern großer Beliebtheit erfreut. Nicht nur die Haut, sondern auch das Fleisch und die Knochen dieser Rasse sind blau pigmentiert. Der Geschmack des Fleisches wird durch diese Färbung jedoch nicht verändert.

FARBSCHLÄGE: blau, gelb, perlgrau, rot, schwarz, silber-wildfarbig, weiß, wildfarbig

BESONDERHEITEN: Zwerg-Seidenhühner zeichnen sich durch hervorragende Muttereigenschaften aus und sind gute Ammenglucken. Ihr Bruttrieb ist derartig stark, dass sie sogar auf dem Nest sitzen bleiben, wenn man ihnen das Gelege wegnimmt. Leider kann man den Hennen aufgrund ihrer geringen Größe nur wenige Fremdeier zum Erbrüten unterschieben.

Zwerg-Seidenhühner wirken fast wie kleine Plüschtiere.

Gewicht der erwachsenen Tiere	Hahn 0,55 – 0,6 kg
	Henne 0,45 – 0,5 kg
Ø Legeleistung pro Jahr	120 Eier
Farbe der Eischale	weiß bis cremefarben

Register

Über den Autor

Axel Gutjahr, Jahrgang 1959, begeisterte sich schon seit frühester Kindheit für Tiere und Pflanzen.
Der studierte Tierzüchter, Agrarökonom und Fachschullehrer hat zahlreiche Sachbücher
mit landwirtschaftlichen, gärtnerischen, biologischen und aquaristischen Inhalten verfasst.

Bildnachweis

Axel Gutjahr: S. 20 o. r., u., 50 l., r., 52 l., 53 u., 87 o., u., 98 M., u., 99 o. r., u. r., 109 o., 112 o., 130 u., 135 M., 140 M., u., 145 M., 147 u., 180 o., u.

Benno Müller: S. 42, 69 o. r., M. r., u., 74, 77 u., 84 o., 93 o., 103, 109 u.

dpa Picture-Alliance, Frankfurt/Main: S. 12 (picture alliance/dpa), 141 (picture alliance/Mary Evans Picture Library), 142 u. (picture alliance/ Anka Agency International)

Fotolia.com: S. 3 (© Perytskyy), 6–7 (© xalanx), 8 (© egonzitter), 9 o. (© RadVila), 9 u. l. (© egonzitter), 9 u. r. (© andreamangoni), 10–11 (© nim_null), 13 (© DoraZett), 14 r. (© eyewave), 15 o. (© Boggy), 15 u. (© ccke), 18, 19 l., r. (© Schlierner), 20 o. l., 21 r. (© Julia Mashkova), 21 u. (© Paulista), 22 o. (© andreamangoni), 22 M. l. (© KDImages), 22 M. r. (© scphoto48), 23 u. (© andreamangoni), 24 o., u. (© Martina Berg), 25 l. (© scooperdigital), 25 r. (© Martina Berg), 26 (© Mikhail Blajenov), 27 o. l. (© capude1957), 27 o. r. (© celeste clochard), 27 u. l. (© Pavla Zakova), 27 u. r. (© Ewais), 29 o. (© Martina Berg), 29 M. (© maho), 29 u. l. (© focus finder), 29 u. r. (© Alexander Potapov), 30–31 (© monticellllo), 32 o. (© Eric Isselée), 32 M. (© ginton), 32 u. (© xalanx), 33 l. (© arolina66), 34 o. (© Mauro Rodrigues), 34–35 (© Andrey Nekrasov), 35 o., u. (© Axel Gutjahr), 36–37 (© kisstock), 38 (© Gvision), 39 o. (© Kynamuia), 39 M. (© lotus_studio), 39 u. (© bonga1965), 40 M. (© andreamangoni), 41 (© Carola Schubbel), 43 u. (© auremar), 45 (© rdnzl), 46–47 (© norrie39), 47 (© AGcuesta), 48 l. (© schankz), 48 r. (© Klaus Eppele), 49 o. (© saharosa), 49 u. (© Tyler Olson), 51 o. (© ogichobanov), 51 u. (© ComZeal), 52 u. (© Axel Gutjahr), 53 o. (© M. Schuppich), 54–55 (© ghostpix), 56 l. (© dianacoman), 56 r. (© joachimplehn), 57 l. (© Unclesam), 57 r. (© shishiga), 58 o. (© norrie39), 58 u. (© coldwaterman), 58 M. (© branex), 59 M. (© Agcuesta), 59 u. (© sakdinon), 60–61 (© thanamat), 61 (© shishiga), 62 o. l. (© Ingo Bartussek), 62 o. r. (© monticellllo), 62 M. (© kathy libby), 63 o. (©goldbany), 64 r. (© pulitzer23), 65 o. r. (© crazybboy), 65 o. l. (© ghostpix), 65 u. (© monticellllo), 66–67 (© percent), 68 (© Kristan), 69 u. (© Martina Berg), 70–71 (© goldbany), 72 (© goldbany), 73 o. l. (© Jenny Thompson), 73 u. l. (© cynoclub), 73 o. r. (© Gerhard Seybert), 73 u. r. (© branex), 75 o. r. (© nmelnychuk), 75 u. r. (© seldom-scenephoto), 76 (© marina kuchenbecker), 77 o. (© Alkimson), 78 (© Sergey Bogdanov), 79 (© coco), 80–81 (© artfocus), 81 (© Jenny Thompson), 82 (© Eugene Chernetsov), 84 u. (© Perytskyy), 85 (© Sarpy), 88 o. (© PRILL Mediendesign), 88 u. (© pcphotos), 89 (© fotandy), 90–91 (© maho), 92 u. (© Artur Golbert), 93 u. (© countrypixel), 94 (© Mark Rasmussen), 95 o. (© alho007), 95 M. (© Tspider), 95 u. (© chelle129), 96 o. (© artfocus), 96 u. l. (© LianeM), 96 u. r. (© Deyan Georgiev), 97 o. l. (© Vidady), 97 o. r. (© nim_null), 97 M. (© Jenny Thompson), 97 u. (© vladimirs), 98 o. (© colorwaste), 99 l. (© Jens Ottoson), 101 o. l. (© rabbit75_fot), 101 o. r. (© svehlik), 101 M. (© Soru Epotok), 101 u. (© rekemp), 102 (© Fotolyse), 104–105 (© goldbany), 105 (© ddsign), 106 o. (© kharhan), 106 u. (© salman2), 107 o. (© Riza), 107 u. (© Ivonne Wierink), 108 (© thieury), 110 o. (© sylv1rob1), 110 u. (© tinadefortunata), 111 (© Jörg Beuge), 112 u. (© kaidevil), 114–115 (© radarreklama), 116 o. (© K.-U. Häßler), 116 u. (© branex), 119 (© marcovarro), 120 l. (© Catalin), 120 r. (© elvira gerecht), 121 (© radarreklama), 122–123 (© benophotography), 123 (© schachspieler), 124 (© Erni), 125 (© Nicolette Wollentin), 126 o., u. (© Erni), 128 (© Ina van Hateren), 129 u. (© emer), 130 o. (© Eric Isselée), 132 o. (© BeTa-Artworks), 132 u. (© andreamangoni), 133 o., u., 134 (© Martina Berg), 135 o. (© theoracle007), 135 u., 137 (© Erni), 139 o. (© midwestgal), 139 u. l. (© Elenathewise), 140 o., 143 (© marilyn barbone), 144 o. (© Mirek Hejnicki), 144 u. (© Paulista), 145 o. (© Lichtgestalt), 147 o. (© Erni), 148 (© marcelinopozo), 149 (© Christian Maurer), 150 (© Chris Lofty), 151 o. (© bereta), 151 u. (© capude1957), 152 (© Erni), 154 u. (© arolina66), 157 (© Karin Jähne), 158 o., u. (© Pixel-mixel), 160 o. (© KDImages), 161 o. (© r_thamaprot), 161 u. (© rupbilder), 163 o. (© andreamangoni), 163 M. (© MT Pepper), 164 (© Julia Mashkova), 166 o. (© Martina Berg), 167 o. (© Vlad Ivantcov), 167 u. (© andreamangoni), 169 (© benophotography), 170 o. (© Martina Berg), 170 M. (© hydebrink), 170 u. l. (© schachspieler), 170 u. r. (© Petra Kohlstädt), 173 o., u., 174, 175, 176 (© Erni), 177 u. (© orpi), 178 (© Martina Berg), 179 o., u. (© thanamat), 181 (© Jason Young), 182 o. (© Erni), 183 (© nkarol), 184 o., u. (© Martina Berg), 186–187 (© bereta), 191 © chelle129; Kastenhintergrund: 21, 34, 42, 49, 51, 59, 63, 74, 88, 95, 97, 107, 111, 112 (© Paulista), Tabellenhintergrund: 124 ff. (© A_Bruno)

Ina Müller: 50 u. l., u. r., S. 52 r., 59 o.

mauritius images, Mittenwald: S. 14 l. (Minden Pictures), 16–17 (Christian Bäck), 21 l. (imageBROKER/Andreas Rose), 22 u. (imageBROKER/ Bill Coster/FLPA), 23 o., 31, 33 r., 40 o., 43 u., 44, 63 u., 64 l., 83, 86, 100, 106 M., 113 (Alamy), 127 (Photri Images), 145 u., 146 (imageBROKER/ Bill Coster/FLPA), 154 o., 155 (Gerard Lacz), 159 o. (Marko König), 160 u. (Alamy), 162 (imageBROKER/Markus Keller), 165, 166 u., 168 (Alamy), 171 (imageBROKER/Angela Hampton/FLPA), 185 (imageBROKER/Andreas Rose)

OKAPIA KG, Frankfurt/Main: S. 40 u. (Angela Hampton/FLPA), 71, 75 o. l., M. l., u. l. (F. Gilson/BIOS), 129 o. (Gerard Lacz), 131 o. (Werner Scheuber/ SAVE), 131 u. (Hans Reinhard), 136 (imageBROKER/Armin Floreth), 138 (Harald Lange), 139 u. r. (Ronald Wittek/SAVE), 142 o. (F. Gilson/BIOS), 153 (Ingo Schulz), 156 o. (Gerard Lacz), 156 u. (F. Gilson/BIOS), 159 u. (imageBROKER/Armin Floreth), 163 u. (imageBROKER/Doreen Zorn), 172 (Harald Lange), 177 o. (John Eveson/FLPA), 182 u. (NAS/Kenneth H. Thomas)

Illustrationen:
© samkar – fotolia.com (Huhn/Kolumne); Hendrik Kranenberg: S. 92 o.